絶滅危惧種はそこにいる

身近な生物保全の最前線

久保田潤一

角川新書

まえがき

「絶滅危惧種《きぐしゅ》はとても貴重で、めったに見られない」

この認識、前半は正しい。絶滅が心配されるほど数が減っている生物なので、貴重なことは確かだ。しかし、後半は違っている。絶滅危惧種は、あなたのすぐ近くにいる。存在を知らないために見過ごしているだけだ。確かに、日本に500〜650羽しかいないイヌワシにはまず出会えないが、身近な絶滅危惧種はその気になれば探し出すことができる。

僕は、物心がついたときから生き物が好きだった。すぐ身の回りにいたクワガタムシやゲンゴロウ、アマガエルなどを捕まえるのが何よりの楽しみ。その興味は大人になっても冷めず、今でも休日には、近所で同じことをしている。

だが、昔と今では見られる種類が変わった。身近だった生き物は急激に数を減らし、いくつもが絶滅危惧種になってしまった。言い換えれば、絶滅危惧種の多くは「元、身近にたくさんいた生き物」だ。それらは田んぼや雑木林といった場所が断片的にでも残っていれば、かろうじて生き残っている。探せば出会えるのは、そういうわけだ。

大好きな生き物たちがいなくなっていく様子を見てきた僕は、自然を守りたいという気持ちが強く、どうしてもそれを本職にしたかった。その希望は叶い、現在は仕事として身近な絶滅危惧種の保護・増殖や、その生息環境の保全・再生をしている。目的達成のために外来種の駆除を行うこともある。森も草地も公園も、時にはビル街も仕事場だ。


ここ数年、集中的に取り組んでいるのが、水を抜いて池の手入れを行う「かいぼり」だ。池は本来、魚、トンボ、カエル、水鳥など多くの生物が生息する自然豊かな場所だが、最近はコンクリートで固められたり、外来種だらけになっていたりする。柵《さく》で囲われ、立ち入り禁止になっていることも多い。多くの人が池に関心すら持てない状況だ。

2017年ごろから、こうした状況に変化が見えてきた。テレビ番組で池が主役として扱われるという珍事が起きたのだ。特にテレビ東京の「緊急SOS！池の水ぜんぶ抜く大作戦」の放映によって、池に注目が集まりだした。

池の水をぜんぶ抜くことは、池を丸裸にすることだ。どんな構造でどんな生物がいるかが一目瞭然《りょうぜん》になる。ゴミや汚れを見れば、社会問題までも見えてきてしまう。

僕はこの番組に専門家として出演し、生物や池の生態系について解説をしている。北は北海道から南は沖縄まで、テレビ以外も含めれば、これまで60か所以上の池のかいぼりにかかわる機会に恵まれてきた。

この本の前半は、野生生物に魅了された僕が、池の水を抜いて一喜一憂した10年間の物語である。いくつかの池が登場するが、どれも思い入れが深く、現場では今も生態系を豊かにするための新しい取り組みが進行中だ。公園の池は誰でも見に行くことが可能なので、天気が良い日にでも見に行ってもらえたらうれしい。

後半は池以外の、身近な森、草地、湿地はどうなっているかについて記した。そこに生きる絶滅危惧種や外来種、そして人間と社会のこと。自然環境を保全する現場のリアルを知ってもらえたら、そして自然を守る仕事って面白そうと思ってもらえたら、これ以上の喜びはない。

目次

第八章　アナグマの父親になりたい　243

本書内の肩書きは特に断りのない限り、活動当時のもの。
また、写真は特に断りのない限り、著者およびNPOバースによる。

図版作成　小林美和子　／　DTP　オノ・エーワン

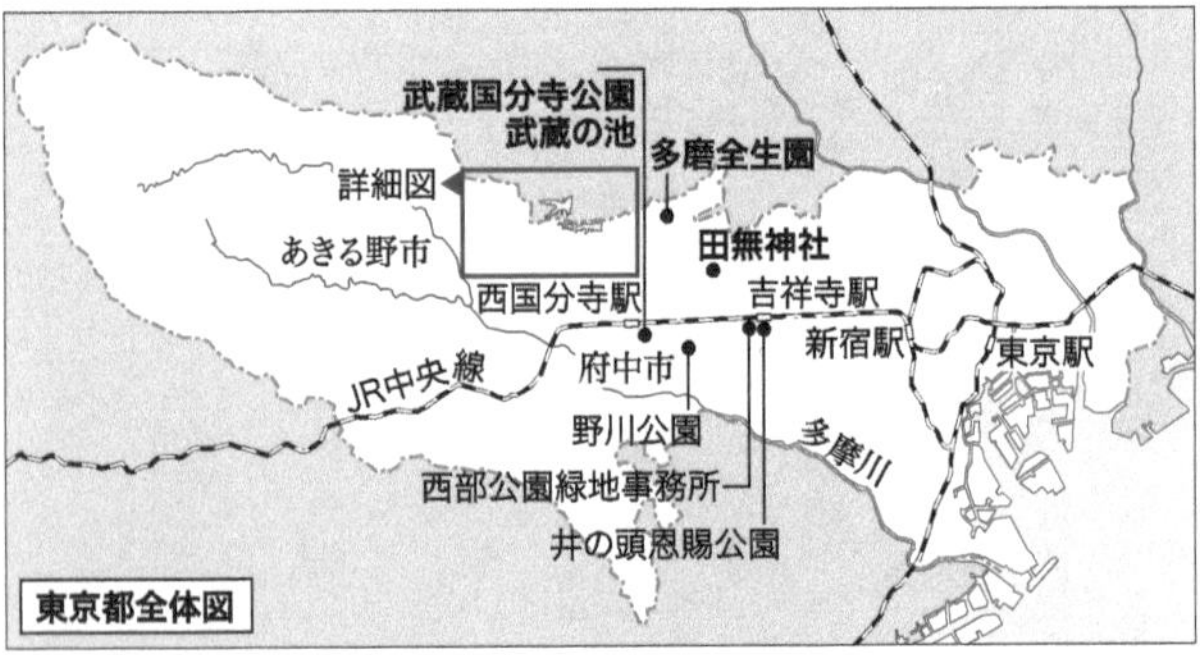
東京都全体図
武蔵国分寺公園
武蔵の池
多磨全生園
詳細図
あきる野市
田無神社
西国分寺駅
吉祥寺駅
新宿駅
東京駅
府中市
JR中央線
野川公園
多摩川
西部公園緑地事務所
井の頭恩賜公園

詳細図
所沢駅
狭山湖
所沢市
箱根ヶ崎駅
狭山丘陵
市立北山公園
桜沢池
都立狭山公園
宮野入谷戸
西武新宿線
北川
都立野山北・
六道山公園
東村山駅
多摩湖
東村山市
宅部池（たっちゃん池）
JR八高線
雷塚小学校
多摩都市モノレール
上北台駅
玉川
上水駅
小川駅
西武国分寺線
拝島駅
西武拝島線

第一章　たっちゃん池のかいぼり

東京都心からほど近い島状の緑地、狭山《さやま》丘陵。そこに、たっちゃん池という溜《た》め池がある。いつからかわからないが、この池の水は汚く濁り、そして外来種だらけになってしまっていた。僕の最初の仕事は、この池をなんとかすることだった。

たっちゃん池との出会い

2012年6月。僕は2度の転職を経てNPOバース（NPO birth）の職員となった。NPOバースは、身近な自然を守り、人と自然が共生する社会の実現を目指して活動している団体だ。その活動の一環として、公園や緑地の管理を行っている[1]。僕の当面の仕事は、狭山丘陵にある五つの都立公園の中で野生生物を守り、生物の多様性を高めることである。

狭山丘陵は、埼玉県所沢《ところざわ》市や東京都東村山《ひがしむらやま》市など六つの市町にまたがる大きな島状の緑地で、僕が尊敬する宮崎駿《みやざきはやお》先生の名作「となりのトトロ」の舞台になったと言われる場所だ。そこで環境保全の仕事ができるなんて、感無量だ。

五つの都立公園の中にいくつかの池があるが、その中で最大の池が宅部《やけべ》池《いけ》、通称「たっちゃん池」である（写真1－1）。今から100年ちかく前、たっちゃんと呼ばれる子どもがこの池で溺《おぼ》れてしまい、それを助けようとした大人ともども亡くなってしまう事故があった。それから、この池はたっちゃん池と呼ばれるようになったという。

それもあってか、どうやら都内ではけっこう有名な心霊スポットとして知られているようだ。ネット検索すると、何やらおどろおどろしい感じのウェブサイトが出てきたりする。しかし、霊感のない僕にとってそこはどうでもよい。

写真1-1　たっちゃん池

第一に大切なのは、たっちゃん池が「となりのトトロ」に出てくる神池《しんいけ》（メイちゃんのものらしきサンダルが浮かんでいた池）のモデルらしいということ。確かに映画を見返すと、池の近くの高架を電車が走っていて、立地がよく似ている。

第二に大切なのは、この池が外来種のオオクチバスだらけになってしまっていることだった。これは、何としても良い池にしなければならない。

市史や博物館資料などの文献によれば、たっちゃん池は少なくとも江戸《えど》時代から存在しており、谷筋からの湧水《ゆうすい》を溜めて周囲の水田に水を供給していた。都市化が進み水田がほとんどなくなった現在では、狭山公園の修景池として親しまれている。

近隣住民に聞くと、「昔は水が透明で、泳いだり魚を採ったりして遊んだ」「池の南岸付近にはハスの花がたくさん咲いていた」といった話が出てくる。公園化される過程で立入禁止になり、外来種が放されて環境が悪化していったと思われる。昔の日本では、池の環境は良くて、人と水辺の距離は近かったのだ。今の子どもたちは、この池で思い出を作ることは難しいだろう。それを思うと、なんだか寂しくなる。

初めて見るたっちゃん池は、茶緑色に濁っていた。水草はまったくない。水鳥もいない。この池を、生き物あふれる池に、そして訪れた人の思い出に残る池にするのだ。

（1）NPOバースは、他団体とともに「パートナーズ」という共同事業体を作って都立公園を管理している。狭山丘陵の公園は西武《せいぶ》・狭山丘陵パートナーズ、武蔵野《むさしの》グループの公園は西武・武蔵野パートナーズ、多摩部の公園は西武・多摩部の公園パートナーズ。

オオクチバスとの戦い――前任者編

まずは僕がたっちゃん池と出会う前、僕の前任者たちがオオクチバスと繰り広げてきた戦いについて記しておきたい。

NPOバースが、東京都から都立公園の管理を任されるようになったのは06年だ。このときすでにたっちゃん池の水は濁り、外来生物だらけの池となっていた。

　また、たっちゃん池だけでなく、その下流に位置する北川《きたがわ》においてもオオクチバスが増加していることが、地元、東村山市で水辺の自然を守っている市民団体「北川かっぱの会」の活動によって、明らかとなった。たっちゃん池で繁殖したオオクチバスは、池の堰《せき》を越え、北川へ流出していたのだ。

　オオクチバスは、その大きな口で他の生物を捕食する。在来の魚、エビはもちろん、水鳥の雛《ひな》やヘビまでも、動くものは手当たり次第に食べる。このままでは川の生態系まで悪化してしまう。前任者はそう判断し、池から川への流出口に流出防止ネットを設置するなどの対策を施した。実際、そこで１万２０００匹ものバスの稚魚が駆除されている。

　しかし、バスのメスは１匹で数百から数千個の卵を産むので、元を絶たなくては終わらない。そのため、10年11月、前任者たちは池のかいぼりを行った。

　当時のデータが残っている。池の水を抜いて捕獲した魚類は、全部で９９０匹。そのうち、もっとも多かったのがオオクチバスで、全体の半数を占めていた。流出防止ネットでの捕獲数を考えると少ないが、おそらく成長途中で相当数が死んだのと、かいぼり前に水位を低くしている段階でサギなどの鳥類に食べられて減ったものと思われる。

　そのほかにも、カムルチー、コイ、国内外来種[2]のゲンゴロウブナと合わせると、池の魚類の9割を外来種が占める結果だった。一方、地域の在来生物と考えられるのは、モツゴ、ウキゴリ、ヨシノボリなど47匹で、全体の5％にも及ばなかった（残りの約5％は人為的に放流されたギンブナで、在来種とも外来種とも言いがたい）。こうして、僕の前任者たちはかいぼりを実施し、多くの外来魚を捕獲した。しかし、このかいぼりは失敗であった。

まず、オオクチバスを根絶させることができなかった。原因は、池の水を完全に抜ききらなかったことだ。在来魚が死んでしまうことを心配し、水をある程度残してしまったという。

また、一部の公園利用者から、コイを駆除することに対して反対の声が上がり、駆除を断念している。実は、コイもオオクチバスと並んで駆除のメインターゲットだった。コイは大きく、大食漢である。体の下側についた口で、底泥を巻き上げながら餌を探す。そのため、コイが多いと池の水がきれいにならない。また、よく見るコイへの餌やりも、池の水を汚す原因となる。

しかしトラブルを回避するために、駆除は断念せざるを得なかった。前任者たちの悔しさが、当時の記録を見ているだけで伝わってくる。

こうして、バスとの前半戦は多くの学びを得つつも、敗北に終わった。

（2）日本国内のある地域から、もともといなかった地域に持ち込まれた生物のこと。外来種は「外国から持ち込まれた生物」というイメージがあるが、国内であっても人為的に移動された生物は外来種となる。国内由来の外来種ともいう。

写真1-2　琵琶湖博物館の中井先生

オオクチバスとの戦い――人工産卵装置編

かいぼりでオオクチバスを根絶させることができなかったことを受け、作戦を二段構えにすることにした。前任者たちが行ってきた罠《わな》やかいぼりによる直接捕獲に加え、繁殖の抑制を試みる。

僕たちは、滋賀県立琵琶湖《びわこ》博物館の専門学芸員である中井克樹《なかいかつき》先生に指導を仰ぐことにした（写真１－２）。中井先生は環境保全復元学を専門とされており、希少淡水生物の保全や貝類の生態などに詳しい。また、外来生物の防除や抑制の手法を開発するなど、環境保全のプロである。たっちゃん池を良くしていくために、これほど頼りになる人はいない。プロ中のプロなのにとても腰が低い、本物の紳士でもある。

オオクチバスの繁殖期は、東京近辺ではおおよそ4〜6月だ。このころになると、オオクチバスのオスは石や砂利などを使って、池底に「産卵床《さんらんしょう》」という巣のようなものを作る。そこにメスが来て、産卵が行われる。

そこで、僕たちはオスになりかわって人工の産卵床を作り、池に設置することにした。そこに産ませることで、卵を根こそぎ取ってしまおう、というわけだ。これは、人工産卵装置を用いた繁殖抑制作戦だ。バスの防除ではけっこう知られている手法である。

今回はこの既存の手法を利用しつつ、装置に独自の工夫を加えることにした。従来型は石を敷き詰めたカゴを池底に沈めて設置するが、改良型は人工芝を貼った金網に浮きをつけ、池の水面下50㎝のところにゆらゆらと浮かべるようにした。たっちゃん池の底は泥が深く、人工産卵装置を沈めるとすぐに泥に埋もれて機能しなくなってしまうからだ。水面近くに浮かべれば、埋もれる心配はない。これは中井先生によって「狭山式」と命名された（写真1－3）。

さて、この装置を池に30基設置する。そのまま浮かべるだけだと風や波で流されて陸に打ち上げられてしまうので、船でいうところの錨《いかり》のようなものが必要だ。コンクリートブロックを池底に沈めて、装置をそこにヒモで結んでおく。これで準備は完了だ。

次の作業は、浮かべた装置の見回りである。バスが人工産卵装置に卵を産んだら、孵化《ふか》する前にこそぎ落とさなくてはならない。4～6月の3か月間は、週に1回ボートに乗って30基すべてを見て回る。これがなかなか楽しい。爽《さわ》やかなカラーリングのギンヤンマがすぐ目の前を飛んだり、アオダイショウがボートと並んで泳いだりすることもある。ヘビは泳ぐのがとてもうまく、速くて美しい。

写真1-3 「狭山式」の人工産卵装置

装置の見回りは、2名で行う。一人は手漕《てこ》ぎボートの操縦、もう一人は産卵チェックだ。バスの卵は透き通った黄色をしていて、大きさは直径1～1・5㎜（写真1－4）。たっちゃん池に生息する魚では、これと似た卵を産むものはいないので区別できる。その後、産卵数を数えてからタワシやブラシで卵をこそぎ落とす。

初めて人工産卵装置でバスの卵を見たときは感動した。カズノコのような黄色い粒は、とてもきれいでおいしそうだ。通常、バスは数千個をまとめて産む。しかし、このとき見たのは、少ないもので3粒、多いもので300粒だった。中井先生によると、この池では産卵する親魚がとても小さいという。湧き水が流れ込んでいて、比較的水温が低いせいかもしれない。親が頑張って産んだことを思うと、胸が痛い。しかし、放っておけば日本の在来種や生態系が犠牲になる。人間が起こした問題は、人間が解決しなければならない。気持ちを立て直し、ブラシを握る手に力を込める。

この繁殖抑制の作戦が功を奏し、12～13年ごろのたっちゃん池は、やや平和を取り戻していた。バスがいなくなったわけではないが、川に大量のバスが流出するようなことはなくなった。北川かっぱの会とバスの情報を交換し、環境が改善していることを確かめあって喜んだ。

写真1-4　人工産卵装置に産み付けられたオオクチバスの卵

その間に、中井先生から追加の指導を受け、人工産卵装置に屋根を付けたり、親魚を人工産卵装置に誘導する仕掛けを付けたりと、工夫も加えた。バスの個体数増加を抑えながら、池の環境を維持することができている、はずだった。

しかし、事は単純には進んでくれなかった。バスの中には、人工産卵装置でなく、池底に産卵する個体もいたらしい。装置30基では、池の全域をカバーすることが難しかったのかもしれない。徐々に、池の岸辺で稚魚の群れを見る機会が増えていった。このとき、15年。たっちゃん池にかかわりだしてから3年が経過していた。このままではダメだ。僕は、あることを決心した。

たっちゃん池の水を抜く

15年6月、とうとうそのときが来たと思った。バスとの戦いに終止符を打つときだ。2回目のかいぼりをやろう。たっちゃん池の管理を始めて9年、前任者たちから僕へと担当が変わったが、この間に他の池でかいぼりを経験したり、様々な調査を重ねたりして、組織としての経験値は上がった。1回目のかいぼりのときより、人脈も広がった。きっと今なら、多くの人が協力してくれるはずだ。コイについても外来種だという研究結果が発表されるなど、社会的状況も少しずつ変わってきている。今ならやれるだろう。

まずは日程決めをする必要がある。時期としては、冬場に行うのがかいぼりのセオリーだ。気温が低い時期のほうが、生物が死にづらいためである。かいぼりは、生物捕獲の方法としてはかなり過激だ。劇薬と言ってもいい。水を全部抜いてしまうのだから、水中でエラ呼吸をしている魚類などにとって生死に直結する。そのため、やり方を間違うと池の生態系や在来種にまで大きなダメージを与えてしまう可能性がある。

たっちゃん池2回目のかいぼりは、厳寒期、16年1月に開催と決めた。かいぼりを実施するにあたっての目標を三つ設けた。

①外来魚（特にバス・コイ）の根絶
②池の浄化（水質とゴミの両面から）
③水草の復活

①は池の生態系を取り戻すためには必須《ひっす》である。そしてこれは、②の水質改善につながる。コイによって池底の泥や栄養分が巻き上げられなくなるためだ。また、②がうまくいけば③の実現に近づく。水が透明でないと、日光が水中に届かず、水草が育たない。「となりのトトロ」のモデルになったかもしれない池を良い池にするには、そしてここを訪れた人たちの思い出に残る池にするには、いずれも欠かせない目標だ。

日時と目標が決まったら、次は準備をする。かいぼりは「段取り9割」と言われるほど準備が大切だし、大変だ。まずは役所の手続き関係を進める。都道府県から「特別採捕許可」というのをもらわないとかいぼりはできないし、捕獲のための網なども使うことができない。また、今回は池の水を北川に排水するのだが、勝手にやるのはまずい。川の管理者である東村山市にも連絡をしなくてはならない。

次は排水の準備だ。たっちゃん池には排水栓があって、それを抜けば勝手に排水される構造になっているらしい。しかし池の水は濁っていて、本当に排水栓があるのかよくわからない。とりあえずは電動ポンプで排水する想定でいくことにする。

しかし、これがいきなり問題に直面する。なんと、池のまわりにはコンセント、つまり電源がないのだ。発電機を使ってポンプを動かすこともできるが、1日に数回、ガソリンを入れなくてはならない。そんな人的な余裕はなかった。そこで、近くの電線から電気を引くことにした。電力会社に相談して電線を引き、池のほとりに仮設電源を設置。少々お金はかかってしまったが、これで排水ポンプが自由に使える。排水ポンプはレンタルすることにした。

池から北川への流出口には堰板《せきいた》がはめてあって、普段はその上をオーバーフローした水が水路を経て北川に流れ落ちている。堰板を外せば、水深を60㎝ほど下げることができる。さっそく外そうとすると、ネジがすっかり錆《さ》びてしまって動かない。仕方がないので、金ノコでネジを切断して外した。文字通り堰を切ったように強い水流が水路を下っていく（写真1

－5）。

写真1-5　堰板の撤去

水位が下がってくると、排水栓がちょこんと水面に顔を出した。太さ10㎝ほどの丸太だ。池の堤防に直径10㎝ほどの穴が開いており、そこに丸太が刺してある、シンプルな栓だ。家の風呂《ふろ》であれば栓の数は一つだが、たっちゃん池の栓は四つあった。そしてそれは、階段状に異なる水深に設けられていた。

この池は深い。池底の深いところに栓が一つしかなかったら、そこまで潜って栓を引き抜くことになる。しかし、抜くのはかなりの力仕事で、とても深い水底に潜った状態でできるものではない。深さの違う階段状の排水栓は、これを解決するものだった。まずは一番浅いところにある栓にアプローチする。水深は、胸まで浸《つ》かるぐらいだ。これを抜くと、水深が数十㎝下がり、2本目の栓が顔を出す。これを抜くとまた水位が下がり、次の栓が顔を出す、という具合だ。よく考えられているなあ、と感心する。

実際に引き抜いてみようとしたが、一向に抜けない。ハンマーを使って、栓が壊れる覚悟で横から叩《たた》いてみると、やっと抜けた。しかし、栓は抜けたが水が抜けない。調べてみると、排水口の中に木の根が侵入し、完全に塞《ふさ》がれていることがわかった。仕方がないので、今回のかいぼりでは、電動ポンプ3台を使って地道に抜いていくこととなった。

排水ポンプを稼働するが、この池はそれなりに大きく、湧き水も流れ込んでいるのですぐには抜けない。2日半かけて、ようやく水位を2mほど低下させることができた。

「なるほど、2m水位を下げるのにこれだけの時間がかかるんだな。堤防に張られたコンクリートの最下部付近まで泥が溜まっているようだな……」

これまでわからなかった、たっちゃん池の構造が少しずつ明らかになってくる。

胴長を履いて泥地に踏み込んでみると、たっちゃん池の泥は粘り気が強く、深いところでは大人が頭の上まですっぽり埋まってしまうほど深いらしい、ということもわかった。何らかの対策を立てないと、本番は大変なことになりそうだ。

鯉に恋する日本人

次に考えなくてはならないのは、前回と同じ轍《てつ》を踏まないようにすることである。まず一つめの轍は、水を抜ききらずバスが生き残ってしまったこと。これはもう、徹底して水を抜くしかない。それ自体は、電動ポンプの数や動かし方次第でなんとかなる。

大切なのは、水を抜いたことで在来種までもみんな死んでしまうような状況を回避すること。その態勢づくりが肝要だ。かいぼり当日は、捕獲要員をたくさん動員して、在来魚をきちんと救出できるようにしよう。そこで、手伝ってもらえそうな知り合いや団体に声をかけてみることにした。

二つめの轍は、コイを駆除することに対して、反対の声が上がってしまったこと。駆除しようとすれば、今回もまた反対意見が出る可能性が高い。どうしたらいいのだろう。そこで、仲間たちに助けを求めた。何度か議論を重ね、二つの作戦を立てた。

第一は、誰でも参加できる「かいぼり事前説明会」を開催すること。コイやバスがどんな魚で、池にどんな影響を与えているのか、そしてかいぼりがどんな効果をもたらすのかを知ってもらう。加えて、「たっちゃん池をどんな池にしたいのか」という将来ビジョンを参加者と共有する。これによって、我々の応援団を増やそうという作戦だ。

これに先立ち、まずは僕自身がコイについていろいろと勉強した。その結果、「1回目のかいぼりのときには、失敗して当然だったのだな」と思い至った。日本人のコイ好きは半端ではないということを、あらためて感じたのだ。

古くは縄文時代から、日本人はコイを食べていたらしい。読者の中にも、鯉こく、鯉のあらいなどが好きな方がおられることだろう。

観賞魚としての人気も高い。赤、黄、白、あるいはそれらの色が入り交じった美しい錦鯉《にしきごい》は、日本で生まれ育った人なら誰しも目にしたことがあるはずだ。

そのほかにも、端午の節句にこいのぼりを飾る風習があったり、「鯉の滝登り」「まな板の鯉」などコイにまつわる故事やことわざがあったりと、コイは日本文化の重要な要素の一つである。もしかしたら、公園の池やお堀でコイに餌をやるのも、ある意味ではすでに文化と言えるのかもしれない。

しかしである。先にも述べたとおり、近年の研究でコイは外来種であることが判明した。正確に言うと、これまで世界中で1種類しかいないとされていたコイが、実は2種類いて、そのうちの片方（我々が普段目にしている飼育されているコイ）が日本においては外来種、もう片方は在来種であることがわかったのである。

日本在来のコイは、外来種のコイと比べてスリムな体

写真1-6　日本在来のコイ（相模川ふれあい科学館の企画展展示個体を撮影）

型をしている（写真1－6）。琵琶湖の漁師などは、昔からこの2種を経験的に見分けていて、在来のものをノゴイと呼んでいた。残念ながら、この在来コイは生息域や個体数が非常に少なくなっており、琵琶湖の一部などでしか生き残っていない。外来コイがいつごろ日本に持ち込まれたのかはわかっていないが、少なくとも縄文時代や弥生《やよい》時代に食べられていたのは外来ではなく在来コイだろう。

外来魚としてのコイは、大繁栄している。これは人間のおかげである。飼育され、餌を与えられ、殖《ふ》やされ、放流されたために、今では日本中のあらゆる湖、池、川などに生息しているほか、海外へも持ち出されている。食用のコイ、観賞用の錦鯉をはじめ、現在の日本で目にするほぼすべてのコイは外来コイだ。そして実は、この外来コイが自然の中で大きな問題を引き起こしているのだ。

代表的な問題は在来種の捕食である。雑食性で、カワニナ、タニシ、シジミなどの貝類、水生昆虫、藻や水草を食べている。コイは大きな魚なので、それなりの量を食う。コイは喉《のど》に立派な歯を持っていて、硬い貝殻もバリバリと噛《か》み砕いてしまう（写真1－7）。

もう一つの問題は、水を濁らせることである。前述のとおり、餌を探すときに溜め池の底泥を巻き上げるのが原因だが、合わせて沈殿していた窒素やリンといった栄養も巻き上げられるため、それを好む植物プランクトンが増殖する。これも、池の水を濁らせる原因になる

（写真1－8）。こうして池の水が濁ると、太陽の光が水中に届かなくなるため、水草は枯れてなくなってしまう。

　これがとにかく大問題だ。水辺において、水草があるのとないのとでは天と地ほどの差が

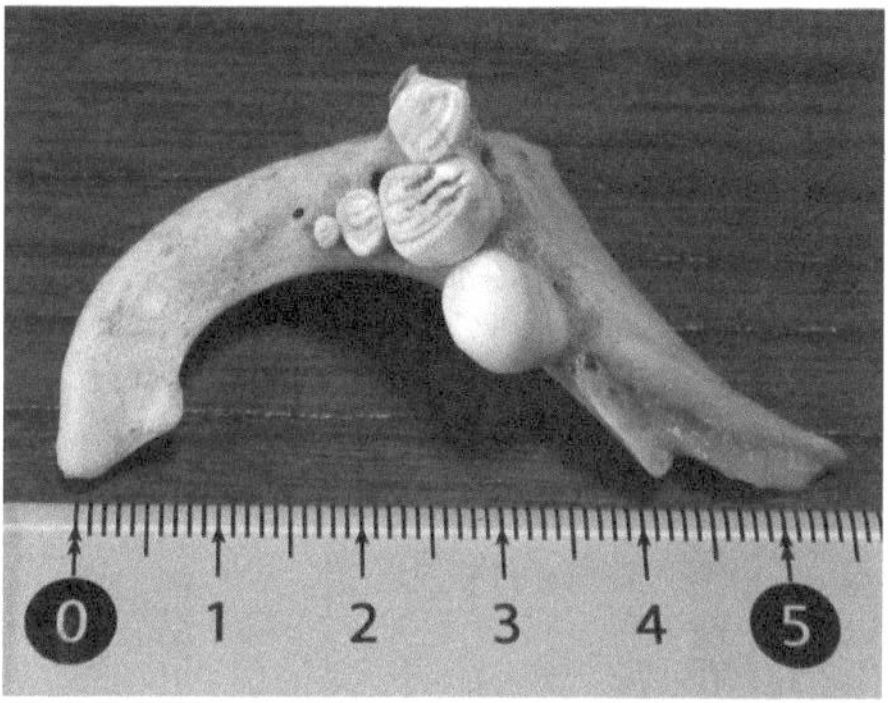

写真1-7　コイの咽頭歯。形も大きさも人間の奥歯のよう

写真1-8　コイの口。前方下によく伸びる

ある。多くの生物が、水草をよりどころに生きているからである。トンボ類やゲンゴロウは、水草の茎の中に産卵する。メダカは、水草に卵を絡ませて産む。ヌマエビ類は、水草を食べる。多くの淡水魚は、水草が生い茂る場所を隠れ場所にして育つ。そのほかにも、さまざまな生物が水草を利用しているが、水草がなくなれば、生きる場所を失ってしまうことになる。

また、水草には水を浄化する力があるが、それがなくなるとますます水は汚れていく。ひどくなると、夏場にプランクトンが大量発生し、水中の酸素を使い尽くして無酸素状態になる。こうなった池では、ほとんどの生物が死滅してしまうこともある。

さて、話を「かいぼり事前説明会」に戻そう。なるべく多くの人に参加してもらいたかったので、平日と休日で各1回開催した。東村山市の職員、地元の自然保護団体のメンバー、狭山公園のボランティア、地元の親子づれなど、合計38名の方々が参加してくれた。実際に池を見てもらいながら、かいぼりのこと、池の未来のこと、コイの駆除のことを理解してもらうべく説明する。

我ながら、科学的知見に基づきつつも、熱く語ったと思う。その熱が伝わったのか、幸いなことに参加者全員が理解を示してくれた。これで、コイの駆除に賛成の声が、少なくとも38名分は集まったことになる。もし、かいぼり当日に駆除反対の声が上がっても、これだけ味方がいれば心強い。

作戦の第二は、駆除したコイを有効利用しようというものだ。外来種とはいえ、命。ただ殺して終わりというのではむごい。それでは応援してくれる人も増えないだろう。だからせめて有効利用し、反対派の人にも納得してもらおうと考えた。人間は感情の生き物だ。「かわいそうだから駆除はやめてほしい」という意見にも真摯《しんし》に耳を傾け、可能な限りの対応をすることで、この壁を乗り越えられるのではないか。

しかし、有効利用と言ってもなかなか難しい。食べることができればいいのだが、まず衛生面や許可の問題がある。それに、数十匹あるいは数百匹も捕れてしまう可能性があるので、誰が調理するのか、大量の魚肉のストックをどこで保存するのか、そもそも誰が食べるのかなどと考えていくと、現実的ではなさそうである。

悩んだ末、かいぼり経験が豊富な団体「認定ＮＰＯ法人 生態工房」に電話をかけて相談した。すると、耳寄りな情報を教えていただくことができた。スーパーの鮮魚コーナーで出た魚のアラなどを回収し、魚粉肥料を作っている業者がいて、条件が合えば回収してくれるかもしれない、とのこと。たいへんありがたいことに、業者の連絡先まで教えてくれた。

さっそく連絡すると、「まとまった量になりそうなら回収しますよ」とのこと。しかも回収費は無料。ただし、一つ条件がついた。

「事前に放射能の検査をして、問題なければ回収します」

東日本大震災で発生した福島県の原発事故が、こんなところにも影を落としているとは。福島生まれ福島育ちの僕としては、なんとも言えない気持ちになるが、とにかくやるしかない。検査の結果、放射能は検出されず、無事に引き取ってもらえることが決まった。

バタバタと準備を進めてきたが、気づけばすっかり冬になり、かいぼり本番は目の前に迫っていた。

当日の朝

16年1月17日、たっちゃん池での2回目のかいぼり。ついにこの日がやってきた。池の水は、見事に抜けた（写真1-9）。たっちゃん池には湧き水が常に流れ込んでおり、排水ポンプを止めるとすぐに水位が上がってしまう。湧水量を調査したところ、毎秒4リットルの水が流入していることがわかった。そこで、排水ポンプ3台を24時間動かしつつ、抜きすぎないように調整してきた。浅く残った水場に池のすべての魚が集まっていて、捕獲しやすい状況になっている。あとは、捕獲作業を進めながらさらに抜いていく。

かいぼりのスタートは午前10時。時間が近づくにつれ、参加してくれる仲間が続々と集まってきた。狭山公園友の会、北川かっぱの会、生態工房、井の頭かいぼり隊、井の頭かんさつ会、東京都西部公園緑地事務所、東村山市みどりと公園課など。僕たちの呼びかけに総勢80名もの人たちが応じてくれた。かいぼり経験者や、水辺調査のプロフェッショナルが何人もいる。人工産卵装置の指導をしてくれた琵琶湖博物館の中井先生も駆けつけてくださった。

写真1-9　ほどよく水が抜けたたっちゃん池

さて、かいぼりは池の管理手法であるが、一方では大きなイベントであり、地域を巻き込んだお祭りだ。こうした催しは、実は、生物の専門家ばかり揃えてもうまくいかない。もっとも必要なのは、人と人の間に入ってさまざまな調整を行ったり、司会進行をしたりして、イベントを滞りなく運営する役割の人間だ。

NPOバースには、これを専門にこなす「協働コーディネート部」という部署があり、「コーディネーター」という職種のスタッフが複数いる。生物の専門家とイベント運営のプロが揃い、態勢は万全である。

池のまわりには、見物のお客さんもたくさん集まった。せっかくの機会だからと、ポスターやチラシを作って宣伝していたのだが、ざっと見たところ、100

写真1-10　ベテランコーディネーターの礒脇さん

人や200人ではきかない数だ。予想よりずっと多い。

「かいぼりって、こんなに注目度高いんだ！」

基本的に、自然環境の保全というのは地味な仕事だ。生物調査、草刈り、穴掘りなどなど、スポットライトが当たらないのが普通である。しかし、かいぼりにはこんなに人が集まる。これは、地域の保全活動を進めていくときの起爆剤になるかもしれないな……。そんなことを考えながら胴長を身につける。

準備を整えたメンバーが池に集合し、開会式が始まる。司会進行は、協働コーディネート部部長である礒《いそ》脇《わき》桃子《ももこ》さん（写真1－10）。飛び抜けたコーディネート力を持ち、数々の修羅場をくぐり抜けているベテランだ。彼女がいればトラブルは起きようがないので、安心してかいぼりに集中できる。

かいぼり開始！

いよいよだ。数年にわたるオオクチバス問題にケリをつけ、たっちゃん池をよみがえらせるのだ。「かいぼりやるぞ！」の掛け声とともに、胴長を履いた同志たちが池に入っていく。

先陣を切るのは、捕獲班だ。タモ網やサデ網を使って、生き物を捕まえる（写真1－11）。コイのような大きな魚から、泥の中に隠れているヤゴ、体長数㎜の小さな水生昆虫まで見逃さずに捕獲する必要があるので、生き物探しのセンスや経験が問われる。捕まえた生き物は、新鮮な水を張ったタライやプラスチック製のソリに入れる。

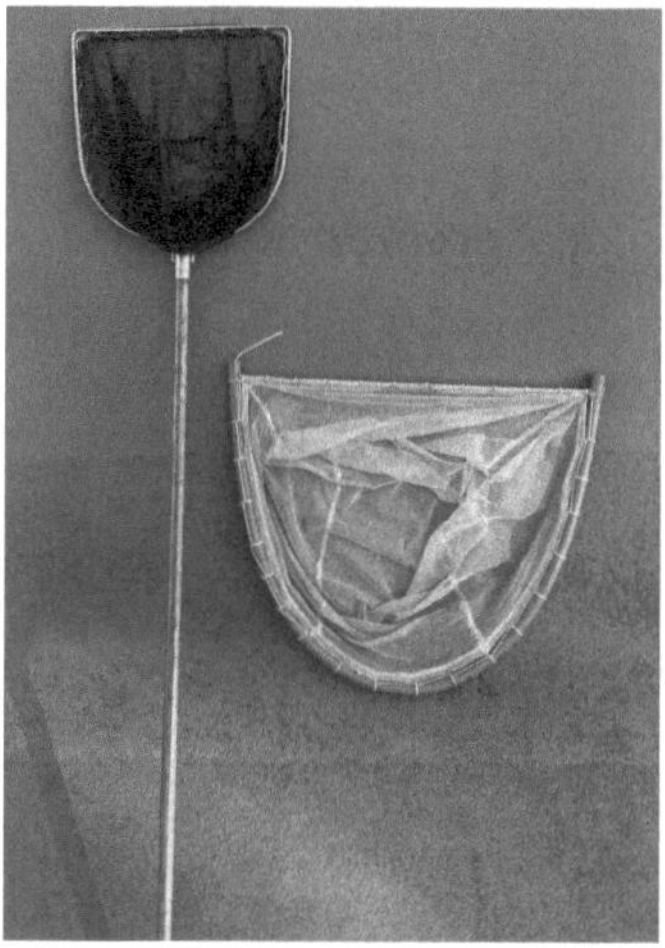
写真1-11　タモ網（左）とサデ網（右）。特にタモ網は、水生生物調査の必需品

これを仕分け場まで運ぶのが運搬班だ。早く運ばないと魚が弱ってしまうので、スピードが求められる。また、新しいタライやソリを捕獲班に供給する役割も担うので、ここが滞ると捕獲も進まなくなる。地味だが、非常に重要な役割だ。体力的にも一番きつい。

そして、次の仕事が仕分け班だ。仕分け場まで運ばれてきた魚たちは、たいていの場合は泥だらけである。これをそのままストック用のプールや水槽に入れたら、すぐに濁って中が見えなくなるとともに、魚のエラに泥が入り込んで死んでしまうこともある。そこで、魚を洗い、きれいな水に入れてやる必要がある。また、生物を種類ごとに容器で分け、個体数をカウントすることによって、かいぼりの成果を明らかにするのが仕分け班の仕事だ。

この「捕獲→運搬→仕分け」という工程が、かいぼり当日のメイン作業である。特に捕獲は、かいぼりの中でもっとも楽しい作業といえる（写真1－12）。深い泥に苦戦しながらも、捕獲班が次々と魚を捕獲していく。大きいものは外来コイと国内外来のゲンゴロウブナだ。運搬も仕分けも見事に連携できていて、スムーズに作業が進んでいく。段取りをしっかり組んだ成果が出ているではないか。

写真1-12　捕獲の様子

しばらくすると、捕獲が進まなくなった。泥が深すぎて、沖の水場までアプローチできないためだった。しかし、大丈夫。こんなこともあろうかと、足場にするための大きなベニヤ板を30枚ほど用意していた。これを泥の上に敷いて道を作っていく。

一方で、足場に頼らず泥の中を驀進《ばくしん》する猛者《もさ》も数名見られる。タライやソリの浮力を利用し、前傾姿勢でそれに体重を預けてバタ足で進むのだが、これは相当な体力が必要だ（写真1―13）。広い泥の中にところどころある小さな水たまりを、一つ一つチェックしに行ってくれている。そうした場所にオオクチバスなどが残っている可能性があるからだ。外来種根絶のために、こうした遊撃部隊の存在はとてもありがたい。

写真1-13　深い泥の中を進む遊撃部隊

みんなの頑張りで、どんどん生物が水揚げされてくる。運搬班、仕分け班も大忙しだ。最初は外来コイやゲンゴロウブナが多かったが、種類が増えてきた。テナガエビ、クサガメ、ウシガエル、アメリカザリガニ、などなど。
こうした生物は、展示コーナーを設けて一般のお客さんにも見てもらった。水槽が並ぶテントの前には人だかりができた。子どもはもちろん、大人たちが興奮している。
「こんなにでっかいカエルがいたんだ！」

「ザリガニ懐かしいわねえ、子どものころに捕まえて遊んだわ」

など、歓喜の声が上がる。そうなのだ。陸上にいては見えない池の中、そのロマンをみんな感じているのだ。

展示に加えて、人数限定の特別な自然観察会も実施した。何が特別かというと、普段は立入禁止になっている池の柵《さく》の内側に入れること。案内するのは、丹星河《たんせいか》さんと杉山俊也《すぎやまとしや》くんだ。NPOバースには、「レンジャー・環境教育部」という部署があって、フィールドでみんなが安心して過ごせるように安全管理をしたり、自然の面白さや大切さを解説したりする仕事をしている。その中でもこの二人はベテラン。いつもとまったく違う池の風景の中で、子どもたちにかいぼりの意味や見つかった生物の解説をしてくれた。

思いがけない発見

僕は司令塔の役割なので、展示コーナーや観察会を遠目に見ながら、コーディネーターたちと連絡を取り合い、あちこちに指示を出していた。本当は自分も捕獲に加わりたいのでウズウズするが、仕方ない。様子を見ながら池の縁をうろうろしていると、泥に半分埋まった状態の黒い石のようなものが目に入った。「いやまさか」と「もしかして」が頭の中を駆け巡る。手にとって見て、思わず声を上げた。

「二枚貝だ！」

それは黒くて大きな二枚貝だった。泥を洗い落としてみたら、虹色《にじいろ》の光沢がある。貝は固く閉じており、確かな重みがあった。生きている証拠だ。そういえば、以前、NPOバース代表理事の折原磨寸男《おりはらますお》さんが言っていた。「2010年のかいぼりのときに、大きな貝殻を拾った」と。こいつがそうか。生きている個体がいたとは！

急遽《きゅうきょ》、「手が空いた人は、岸辺で貝探しをしてほしい」とお願いする。僕自身、いても立ってもいられず探す。すると、出る出る。次々に見つかるではないか。釣りで言うところの「入れ食い」のような感じで楽しい！

捕獲、運搬、仕分け、展示・観察会、そして貝拾い。それ以外にもう二つ、別な動きをしている人たちがいる。一つは落ち葉かき班である。落ち葉の下に埋もれているであろう水草の種に太陽の光を当て、岸辺を水草でいっぱいにするため、大きな熊手で落ち葉をかいて、土を露出させていく。

もう一つはゴミ拾いだ。僕がこの池とかかわりだしてからずっとやりたかったことの一つであった。

まず目につくのは、一番の大物であるスクーター。調査のたびに気になっていたのだが、やっと撤去することができた。それから謎の金属部品やコンクリートガラ（がれき類）など。

不法投棄された建築廃材だろうか？　ちょっと楽しいのは空き缶と空き瓶。今では見なくなった懐かしいデザインのものがけっこう出てくる。これでおじさん、おばさん世代が盛り上がるのが、かいぼりあるあるの一つである。

それから一番大事なのは、釣り針と釣り糸の回収である。これが残っていると、水鳥に絡まったりして危険だ。長くバスの釣り場になっていたので、大量に出てくる。1時間ほどの作業で、ゴミはすっかりなくなり、目標の一つに掲げた「池の浄化」が大きく前進。今日やるべきことは、これで完了した。

仕分け班より、捕獲した生物の一覧があがってくる。結果発表である。

捕獲生物は、全部で19種514匹、そのうち外来種（国内外来種を含む）は9種120匹。肝心のオオクチバスは、なんと18匹しかいなかった。かいぼり本番前、しばらく池の水位を低く保っていたのだが、そのときに普段は池でほとんど目にすることのないアオサギが複数羽滞在しているのを確認していた。ほとんどは彼らに捕食されたのだろう。

コイは40匹だった。1回目のかいぼりでは271匹だったので、5年の間に大幅に減っている。大きなコイが水鳥によってそれほど食われるとは思えないので、釣り人に釣られたか、あるいは僕たちが気づかないうちに病気が流行《はや》って死んだか。

大きなフナも48匹捕獲されたが、うち35匹は国内外来種のゲンゴロウブナだった。13匹はギンブナだが、これも西日本由来の国内外来種だということがわかった。これら4種の外来魚は、かいぼり翌日、肥料を作る業者によって回収された。駆除はやはり心が痛むが、有効利用されると思うと少し救われる。

在来種については、前回は確認されたモツゴとウキゴリが今回は1匹も見つからず、たっちゃん池では絶滅してしまったことがわかった。これは間違いなくバスの影響だ。とても残念だが、同じ水系の北川には生息しているので、そこから池への再導入を検討してもいいかもしれない。ヨシノボリとテナガエビが生き残ってくれていたのには、ホッとした。

衝撃的な発見だった二枚貝は、最終的には81匹も見つかった。そして、貝の衝撃はこれで終わりではなかった。

貝に見る夢

拾い集められたたくさんの二枚貝を前に、大興奮している人間が3人いた。僕と琵琶湖博物館の中井先生、そして武蔵高等学校中学校生物科の白井《しらい》亮久《あきひさ》先生だ。白井先生は、学生時代に二枚貝の研究をしていたのだそうだ。たっちゃん池のかいぼりを見学に来て、思いがけない二枚貝の発見に驚いたという。中井先生も、二枚貝は専門の一つ。二人は日本貝類学会の学会員として旧知の仲だった。

興奮のポイントは、三つある。一つめはもちろん、これほどたくさんの二枚貝が見つかったということ。

二つめの興奮ポイントは、見つかった二枚貝が1種類ではなかったこと。この池には、なんと二枚貝が3種類もいたのだ（写真1－14）。1種類はヌマガイという貝。とても大きく、今回見つかったものでもっとも大きかったのは殻長が13㎝あった。また、逆に殻長が2㎝しかない赤ちゃん貝も見つかり、この場所で繁殖していることがわかった。これはうれしい。

2種類目はヨコハマシジラガイという種類。通常は池のような止水環境ではなく、河川のような流水環境に生息する。たっちゃん池に湧き水が流れ込むあたりは、狭いながら流水環境になっているので生息できたのだろう。見つかった数は少なく、生きているのは1匹のみだった。この貝は、環境省のレッドリスト(3)では準絶滅危惧《きぐ》、東京都のレッドデータブック(4)では絶滅危惧Ⅰ類に選定されている希少種だ（図1－1）。

3種類目はイシガイ。ヌマガイより小さく、横長な形をしていて、青っぽい光沢のある美しい貝だ。これには、白井先生が大興奮。

「おそらく、東京都では初めての発見です！」

白井先生が学生時代に研究していた貝は、イシガイだった。日本全国、様々な地域に生息するイシガイを採集し、遺伝子解析を行っていたが、東京都にはイシガイが生息していないためデータがないという。これはぜひ遺伝子解析を行って、他の都道府県との比較をしてみたい。

そして三つめの興奮ポイントは、これらの二枚貝の発見が「ある魚」の存在を連想させることだ。その魚とは、タナゴの仲間。繁殖期になると、オスの体には「婚姻色」と呼ばれる美しい色が出るため、愛好家が多い魚である。

「日本の淡水魚はみんな銀色で同じような形をしているから、地味で違いがわからない」

写真1-14　見つかった二枚貝。上からヌマガイ、イシガイ、ヨコハマシジラガイ

表記	カテゴリー名称	基本概念
EX	絶滅	ある地域において、過去に生育・生息していたことが確認されているが、飼育・栽培下も含めすでに絶滅したと考えられるもの
EW	野生絶滅	ある地域において、過去に生息していたことが確認されており、飼育・栽培下には生き残っているが、野生ではすでに絶滅したと考えられるもの
CR	絶滅危惧IA類	ごく近い将来における野生での絶滅の危険性が極めて高いもの
EN	絶滅危惧IB類	IA類ほどではないが、近い将来における野生での絶滅の危険性が高いもの
VU	絶滅危惧II類	現在の状態が続いた場合、近い将来「絶滅危惧I類」のランクに移行することが確実と考えられるもの
NT	準絶滅危惧	現時点での絶滅危険性は小さいが、条件の変化によっては「絶滅危惧」として上位ランクに移行する可能性があるもの
DD	情報不足	環境条件の変化によって、容易に絶滅危惧のカテゴリーに移行する可能性があるが、生育・生息状況をはじめとして、ランクを判定するに足る情報が得られていないもの

図1-1　絶滅危惧のランク

そう思っている読者がいるかもしれない。僕もかつてはそう思っていた一人だ。しかし、タナゴ類の種ごとに異なる複雑な体色や、オイカワの繁殖期のオスの真っ青な姿を見ると、その認識は覆る。日本の淡水魚は、本当に美しい。

タナゴ類は、日本には16種類が分布している（在来種のみ、亜種含む）。そのうち15種類は環境省レッドリストに掲載されている絶滅危惧種になっており、タナゴ類全体が危機的な状況だ。なぜそんなことになってしまったのか。それは、多くの場所で二枚貝がいなくなってしまったからだ。

魚は子孫を残すために卵を産む。産み方は種類によっていろいろで、メダカのように卵を水草に絡ませたり、アユやサケのように川底の砂利の中に産みつけたり、トゲウオ類のように枯れ草で巣を作って産んだりと、実にバラエティに富んでいる。

では、タナゴ類はどんなふうに産卵するのかというと、卵が水流に流されないように、生きた二枚貝の体内に産みつける。二枚貝は、タナゴにとって産卵場所であり、ゆりかごなのである。

一方の二枚貝は移動能力が乏しいため、逆に魚類を利用する。二枚貝の赤ちゃんは体から粘りのある糸を出して水底や水草にへばりつき、そこを訪れた魚が触れるやいなや、開いていた殻を閉じてがぶりと噛み付いて寄生する。うまく取り付くことができれば、魚の体組織から栄養を吸収して成長しながら、別な場所に移動して分布を広げることができる。このように、タナゴ類と二枚貝は持ちつ持たれつの関係になっている。

ところが近年では、池や川、田んぼの水路など多くの水辺でコンクリート化や暗渠《あんきょ》化が進んだ。二枚貝は次々と姿を消し、それに伴ってタナゴ類は産卵場所を失った。

これが、タナゴ類16種類のうち15種類が絶滅危惧種になってしまった理由である。さらに東京都について言えば、分布していたタナゴ類5種のうち4種が絶滅し、残る1種も「情報不足」としてレッドデータブックに掲載されている。タナゴ類は愛好家が多く、中には飼育していたものを池や川に放流する人がいる。そのため、もし生き残っていたとしても、それが東京都の在来個体かどうかはわからない状態だ。

一連の流れを見てくるとなんとも暗く、絶望的な気持ちになってしまいそうだが、希望がないわけではない。ほぼ絶滅してしまった東京都のタナゴ類だが、実はまだ人間の飼育下では生き残っている。タナゴ類はその人気ゆえ、飼育技術が進んでおり、人工授精などの技法も確立されている。

そして、一番の希望はたっちゃん池で見つかった二枚貝だ。ここでなら、タナゴも生きていけるのではないか。いつか、水槽の中に閉じ込められているタナゴたちを自然に帰してやることができるかもしれない。これは途方もない夢だ。しかし不可能ではない。見つかった貝を眺めながら、そう感じていた。

（3）「レッドリスト」とは、絶滅の恐れのある野生生物の種のリスト。絶滅の危険度で種ごとにランク分けされている。国際版は国際自然保護連合（ＩＵＣＮ）、日本国内版は環境省、地方版は都道府県や市町村などが作成している。
（4）「レッドデータブック」とは、レッドリストに掲載された生物について、分布、生態、減少理由、保全状況などを詳しく解説した図書。環境省、水産庁、都道府県、市町村、ＮＧＯ、学会等が発行している。

水を抜いて終わり、ではない

長期にわたって準備してきたたっちゃん池のかいぼりは、多くの人の協力のおかげでイベント当日を無事に乗り切ることができた。成果も十分に出ている。しかし、これで終わりではない。翌日から第二ラウンドの始まりである。

まず、大きな課題は池干しだ。2か月の間水を抜きっぱなしにして、底泥を空気に触れさせ、過剰な栄養分を減らす。これが池の水質浄化に大きな効果をもたらす。もっと長い期間池干しすることも検討したが、多くの生物の繁殖にとって重要である春に池の水がなかったら、地域の生態系に悪影響を及ぼすかもしれないと考え、3月中には池に水が戻るよう2か月間とした。

湧き水が常に出ているし、時には雨が降るので、池干しは意外と簡単ではない。ポンプを常に動かしていないとすぐに水が溜まってしまう。

ほかに、池の水が抜けている間にやることとしては、オオクチバスの監視がある。かいぼりで根絶したはずだが、もしほんの少しでも生き残りがいたら、また繁殖して増えてしまうので油断できない。ポンプまわりにわずかに残った水を定期的に見て、魚影がないことを確認する。

また、池を干している間は、毎日池の岸辺をパトロールしなければならない。泥に潜っていた貝が、次々と地表に顔を出すことがわかったからだ。放っておいたら貝は乾いて死んでしまうし、カラスやアライグマに捕食される恐れもある。貴重な生物なので、1匹でも多く保護しておきたい。

保護した生物の世話も欠かせない。ヨシノボリ、スジエビ、モクズガニ、二枚貝などを管理所の水槽やタライで飼育し、死なせないように放流の日まで維持する。

そしてもう一つ忘れてはならないのが、水草の復活だ。たっちゃん池には水草がまったくないが、おそらく、かつてはあった。その種が、生きたまま底泥の中に眠っているかもしれない。これを「埋土種子《まいどしゅし》」という。それを目覚めさせたい。

方法だが、池の水を抜き、生物捕獲のために人が入って泥をかき回し、池干しをするというかいぼりの一連の作業が、実は水草の発芽を促す刺激になっている。そのため、今回は大掛かりな作業を追加することはしない。ただ、池の中だと、アメリカザリガニに食べられてしまって発芽に気づかないといったことが起きるかもしれないので、栽培による発芽実験も合わせて実施しておくことにした。

まずは土の採取をする。池底のどの場所に、あるいはどれぐらいの深さに種が眠っているのかは不明である。そのため複数の場所で、複数の深さから取ることにし、合計15個の土壌サンプルを得た。この土をプランターに入れ、水の中に沈める。ここから何らかの水草が発芽してくれるだろうか（写真1－15）。

写真1-15　採取した土の発芽実験。ロマンの塊

植物の種子には寿命があって、それが尽きれば、当然発芽しなくなってしまう。種子の寿命は植物の種類によって異なっているのだが、水草類だと40年前後のものが多いということが近年の研究でわかってきているそうだ。40年前、1976年ごろのたっちゃん池やその周辺は、どんな環境だったのだろうか。水はきれいで、水草が生えていただろうか？　だとすれば、期待が持てる。

それにしても植物は面白い。一見してなくなってしまった、絶滅してしまったと思っても、実は土の中に生きた種が眠っているのかもしれないのだ。うまくすれば、数十年前、ものによっては数百年前の植物が埋土種子からよみがえる可能性がある。

3月、いよいよ2か月間の池干しが終わり、水を溜める日がやってきた。ずっと働き詰めだった電動ポンプを止める。水を抜いたときは、堰板はずしとポンプ3台の稼働で一気に風景が変わったが、溜めるときは毎秒4リットルの湧き水のみ。ジワジワとしか増えないのがじれったい。ときどき降る春の雨が、いつになく待ち遠しい。

4月、たっちゃん池がとうとう満水になった。水がきれいだ。明らかに前とは違って、青い。水深が浅い縁の部分では、太陽の光が池底まで届いてゆらめいているのが見える。これなら、水草も育つに違いない。

たっちゃん池では、透視度計という道具を使って毎月水の透明度を測定している。これまで、4月の透明度は高いときでも100cm程度、1年を平均すると50～70cm程度だった。ところが今回は、透視度計の限界値である130cmを大きく超えていて、正確な数値が測定できなかった。目標②（28ページ）として掲げていた「池の浄化」は、これで達成だ。池干しの効果は、思ったよりすごい。

残るは、保護飼育をしてきた在来の生き物たちを池に戻す作業だ。水槽とタライからヨシノボリやスジエビ、二枚貝などを掬《すく》い上げて、池まで運ぶ。飼育中に停電が起きてブクブクが止まり、酸欠で全部死んでしまったらどうしようとか、そんな心配をさんざんしたが、ようやくそのストレスから解放される。二枚貝については、集中的に見つかった場所があるので、そこに放流する。他の生き物は、沿岸部の数か所に分けて放した。

バスとコイはその後1度も見られず、根絶できたことが確実となった。今後は、在来種が増えてくれるのを待つばかりだ。

埋もれていた水草が復活した！

たっちゃん池に水が溜まり、狭山公園は日常の風景を取り戻した。いや、前よりずっと良くなった風景を、である。

「池がすごくきれいになったね！」

狭山公園の管理所を訪れるお客さんたちから、次々とグッジョブの声をいただく。たっちゃん池に関心を持つ人がこれほど多かったなんて。これも、かいぼりをしなければわからなかったことだ。ここからは水草の復活に期待が膨らむ。

6月。ついに、水草が少し出てきた。ヨシ、スゲ類、ツリフネソウといった抽水植物《ちゆうすい》（水底の土に根を張り、葉や茎などの上部が水上に出ている植物のこと）たちが、池の縁のところで何か所か塊になって生えている。

今回のかいぼりをやったあとでは、池の水深は60㎝ほど浅くなっている。多くの水草は水深が深いところには生えないので、あえて堰板をはずしっぱなしにして、生育しやすい浅場を増やしてみたのだ。どうやらそれが功を奏したようだ。抽水植物の群落が大きくなれば、それを利用する生物が必ずやってくるはずだ。

しかし、水草の種類としてはどれもありふれたもので、希少なものは含まれていなかった。この池には、希少な水草の種など眠ってはいないのだろうか。あるいは、種子の寿命が尽きてしまったか。かいぼりの実施から半年が経ち、なんとなく諦《あきら》めムードが漂い始めた。

しかし7月、発芽実験の水槽についに変化が起きた。何やら小さな藻が生えているではないか。

この藻には見覚えがある。水田や浅い湿地で時折見られる、シャジクモという植物だ。環境省のレッドリストで絶滅危惧II類に選定されている希少種である。やった、ついに希少な水草が出た。少しテンションが上がる。

隣の水槽を見ると、これまた小さな藻が。かなり小さく華奢《きやしや》だ。目を凝らしてよく見ると、基本的な形はシャジクモと似ているものの、枝分かれが多い（写真1－16）。

「これは……」

ぶわっ、と自分の体温が上がるのを感じる。

「もしかしてフラスコモではないか？」

フラスコモは、シャジクモと同じ藻の仲間だ。このグループは、絶滅危惧種としてレッドリストに載っているものが多い。こいつももしかしたら……。さっそく種類を調べてみようではないか！

水草をじっくりと細部までしげしげと眺め、特徴的な構造を探す。あるいは全体の形をじっくりと観察する。水草から受ける印象や雰囲気も、時には大切だ。かき集めた古い文献と水草を交互に見ながら、この水草の種類が何なのかを特定していく。が、ダメだ。植物体が小さすぎて、種類を見分けるために重要な器官である生卵器と造精器が見えない。事務所にある顕微鏡を引っ張り出し、再度挑むが、難解すぎて手に負えない。種ごとの違いがかなり微妙で判別がつかないのだ。

とりあえず、水槽に生えた謎の藻は棚上げとなった。その間に池の調査を進める。7月下旬、さらなる発見があった。胴長を履いて池の縁を歩くと、抽水植物の群落近くの水の中に、もやもやとした緑色の塊が見えた。水槽に生えた謎の藻とそっくりだ。15㎝四方ぐらいの塊で24か所も池の中に生えている！

こうなると、ますますこの水草の同定が問題だ。こ

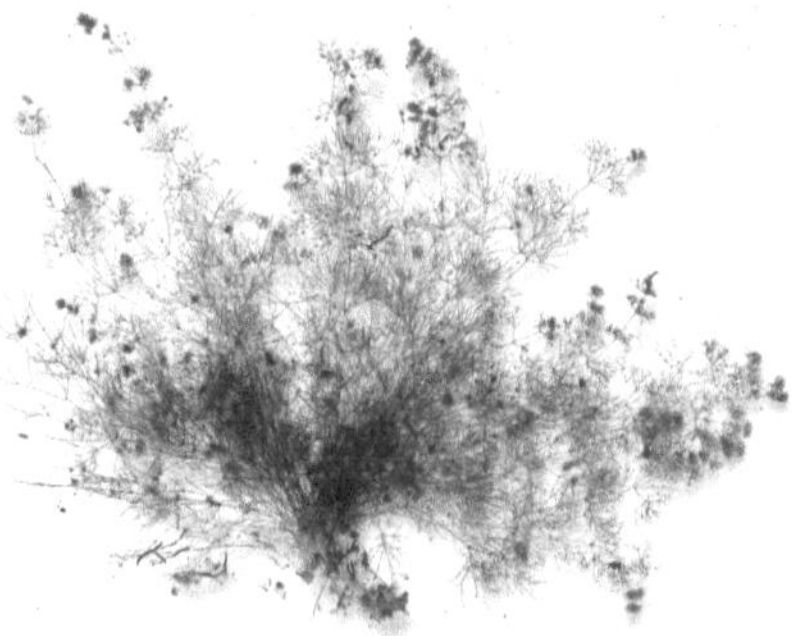

写真1-16　発芽実験の水槽に生えた謎の藻

の「同定」という言葉に馴染《なじ》みがない方も多いかもしれない。図鑑や文献資料を使用するなどして、生物の種類を調べ、確定させる作業のことを「同定」とか「種同定《しゅどうてい》」という。生き物業界ではとても一般的な言葉である。

どうしても種類を知りたい。そこで、車軸藻《しゃじくも》類《るい》の系統や進化を主な専門に研究している加藤《かとう》将《しょう》先生（現、新潟大学教育学部）にコンタクトをとった。先生はこの同定を快く受けてくださった。採取した藻を梱包《こんぽう》して郵送する。

しばらくして、加藤先生から回答があった。きちんと種類が特定できたのだ。その名はミゾフラスコモ。環境省のレッドリストでは絶滅危惧I類にランクされ、しかも、なんと東京都では初記録であることがわかった。やった。ついに、目標③の「水草の復活」について狙っていた成果を出すことができたのだ。このニュースは２０１７年10月13日の東京新聞の夕刊に載った。

カイツブリ初めての繁殖

うれしいニュースはこのあとも続いた。かいぼりの実施から2年以上が経過した18年5月、狭山公園内をパトロールしていたパークレンジャーから情報が飛び込んできた。

「カイツブリがたっちゃん池で巣を作っている！」

カイツブリとは、小さな水鳥のこと。潜水が得意な鳥で、池の中に潜って魚やエビなどを食べる。これまで、池に来てくれたことはほとんどなかったし、ましてや巣を作るなんて初めてのことだ。

写真1-17　営巣するカイツブリ

これは、水草の復活のおかげだ。カイツブリは、ヨシなどの水草を使って巣を作る（写真1－17）。かいぼりとその後の対策によって、カイツブリが棲《す》みやすい環境ができあがってきたわけだ。

しばらくして、1羽の雛《ひな》が無事に生まれたという知らせがパークレンジャーから届いた。この池で初めての繁殖だ。2～6個を産卵することが多いらしいので、それと比べると少ないが、それにしてもうれしい。

カイツブリの親は、雛を自分の背中に乗せて、保温したり、外敵から守ったりする。そして餌のとり方を教えながら育てる。その様子は本当に微笑ましくて、「かいぼりをやって良かったなあ」としみじみ思った。

新しいアイドルの出現に、野鳥好きな常連のアマチュアカメラマンも池に張り付くようになった。しかし、しばらくして、そのカメラマンからショッキングな話を聞くこととなる。

外来生物の逆襲

カイツブリの雛が、大きなウシガエルに丸呑《まるの》みにされたという。常連のアマチュアカメラマンが、それを目撃した。実は、僕もそれを少し心配してはいた。というのも、たっちゃん池で何年も続けている生物調査の結果に、異変が現れていたためだ。外来生物であるウシガエルとアメリカザリガニの個体数が、かいぼり直後に大きく「増加」していたのだ(図1－2)。かいぼりで外来種が増えるとはいったいどういうことだ?

池の生態系の中で上位の捕食者であったバスとコイを駆除し、ゼロにした。それによって、彼らが食べていた下位の生物は「天敵がいなくなってラッキー!」ということになった。僕たちはバスとコイを駆除することで、意図せずにウシガエルとアメリカザリガニを応援していたのだ。その結果、今度はこの2種類の外来生物が猛威をふるうようになってしまった。このように、上位の捕食者を取り除くことによって下位の捕食者が増えてしまう現象を「中位捕食者の解放」という。この現象が生じたせいで、愛らしいカイツブリの雛は犠牲になってしまった。

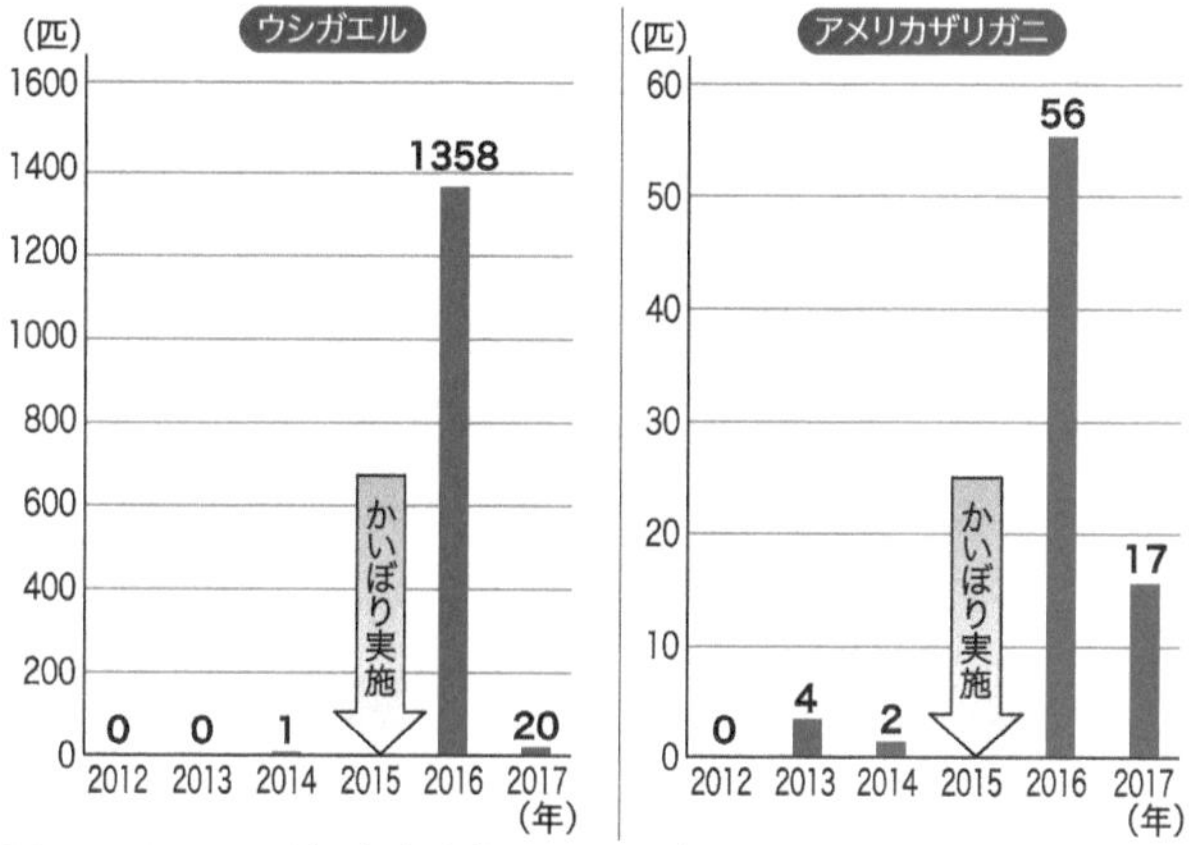

図1-2　たっちゃん池で毎年実施している調査でのウシガエル（成体・幼生の合計）とアメリカザリガニの捕獲数の推移（定置網1個ともんどり5個を使った年4回の捕獲。かいぼりを行った2015年は実施せず）

かいぼりの実施にあたっては、生物と生物の相互作用を考慮して、かいぼりでの根絶が難しい外来生物への対応も検討しておく必要があるということがわかった。これは、次のかいぼりでは絶対に活《い》かさなくてはならない苦い教訓となった。

当面は、とにかくウシガエルとアメリカザリガニを減らさなくてはならない。カイツブリがいなくなってしまったが、ミゾフラスコモがいる。これがザリガニに食べられて消えてしまうことは避けたい。

それ以来、現地スタッフがもんどりや定置網をせっせとかけ、外来種捕獲に励んでくれた。その頑張りに応《こた》えてくれるかのように、なんとこの年、カイツブリは再び産卵してくれて、新たに1羽の雛が誕生した。

写真1-18　アメリカザリガニ連続捕獲器。右に写っているのは誘引エサを入れる容器

ウシガエルの攻撃が止むことはなかったものの、この雛は無事に巣立ってくれた。

翌年以降も、カイツブリは毎年1ペアがたっちゃん池で子育てにチャレンジしてくれているが、やはり最終的に生き残るのはいつも1羽だけ。ウシガエルの駆除は、今も大きな課題となっている。

一方で、アメリカザリガニの駆除においては、有力な道具が開発された。その名も「アメリカザリガニ連続捕獲器」である（写真1－18）。開発したのは「シナイモツゴ郷《さと》の会」。彼らは近年、アメリカザリガニに関する様々な研究を行い、その生態や効率的な駆除の方法などを科学的に分析してきたすごい人たちである。

この連続捕獲器、シナイモツゴ郷の会が特許取得済みで販売も行っているので、興味がある方は問い合わせてみてほしい。僕たちは手始めに別な池で試験的に利用しているが、3か月で3000匹捕獲という大きな成果をあげており、近いうちにたっちゃん池にも導入しようと考えている。

外来生物によって在来の生態系が崩壊した池は、自然の力で元に戻ることが難しい場合が多い。今回のたっちゃん池での取り組みで、かいぼりがその解決策として有効であることがわかった。

写真1-19　丹レンジャーが描いたたっちゃん池の理想の姿

一方で、かいぼりでは根絶できないウシガエルとアメリカザリガニについては、継続的な駆除作業が必要であることもわかってきた。これは非常に人手がかかり、しかもほぼ終わりのない継続作業になるので、僕たちの手だけで続けていくのは難しい。そのため、新兵器である「アメリカザリガニ連続捕獲器」の導入や、公園ボランティアとの協働作業での駆除を実施できないか、その体制の構築を検討しているところである。

いつの日か、水草と在来種にあふれ、そしてミヤコタナゴが泳ぐ、そんなたっちゃん池になることを夢見て、これからも池の管理と試行錯誤を続けていく（写真1－19）。

コラム　1

「池の水ぜんぶ抜く大作戦」のこと

　テレビ東京の「緊急SOS！池の水ぜんぶ抜く大作戦」の制作にかかわりだしてから、2021年12月で丸5年となった。ネットで「本当は、テレビで放送できないようなやばいものが見つかってるんじゃないか？」という書き込みを目にすることがある。やばいものとは、人間の死体とか拳銃とか、そういう類のものだ。

　自然環境調査の仕事では、人が踏み入らない場所に行くことも珍しくない。だから、同業者から「見つけてしまった」という話を耳にすることがある。かくいう僕も、広い草地を調査中に人骨を発見したことがある。

　そういう意味では、確かに池からはいろいろなものが出そうな予感がする。ロケを重ねながら、「今日こそ見つかるんじゃないか？」と内心ハラハラしていたのだが、番組内でそうしたものが見つかったことは、僕が知る限りまだ一度もない。大阪のある池で、注射器が何本か落ちていて、何に使われたものかを想像して怖くなったことはあったが……。

　「池の水」が始まったとき、僕が最初に「いいな」と思ったことは、この番組がバラエティ番組であることだった。環境系のまじめな番組ではなくエンターテインメントだからこそ、環境保全に興味がない人にも観てもらえている。そこがいい。

農林水産省のデータによると、日本には16万〜20万個もの池があるという。それに対して、番組5年間でNPOバースが携わった池は約70個。日本中、すべての池の外来種を駆除し、本来の自然を取り戻したいけれど、僕らだけではとても手がまわらない。

「池の水」収録中の著者

これを実現するために必要なのは、生物多様性の大切さや外来種問題を多くの人に知ってもらうこと。人々の価値観を変え、社会を変えること。そして、日本中に環境保全を志す仲間を増やすこと。この番組は多くの人を楽しませながら、これらの社会的な波及効果も生み出してきたと思う。
第一章で紹介したように、コイが外来種だということが一般常識になりつつあったり、第三章で紹介するように東京都が都立公園の池のかいぼり事業に予算を投じたり、といったことが起きている。また、番組を観た子どもや学生の中に、将来は生物博士になりたいとか、自然保護の仕事に就きたいという人が何人も出てきた。確実に仲間は増えている。
一方で、番組にはさまざまな批判がある。中でも「自然環境や野生動物に悪影響を及ぼすのはやめろ」という類の意見については、僕は真正面から受け止め、できる限りの努力をしてきたつもりだ。番組で生物や池の生態系を解説しながら、裏では制作スタッフの一員として現場に対して指摘をし続けてきた。

「夏場には水抜きロケはやるべきじゃない」

「プールとエアレーションを増やそう」

「外来種を悪者にする表現は控えてほしい」

など。制作スタッフにとってはうるさくて邪魔な存在だったかもしれないが、スタッフはいつも真摯に話を聞いて対応してくれた。

　そうやって番組制作にかかわる、僕らに対する非難の声もある。しかしＮＰＯバースでは、いつものようにクライアントの立場に立って一緒に改善を目指してきた。

　批判や非難の中には科学的に正しい意見もたくさんある。駆除される外来種がかわいそうだという意見も共感できる。テレビの世界には大人の事情があるから、僕の小言だけでは制作現場を変えられない場合もあるが、こうした外からの批判がブレーキを掛けてくれることもあるから、それも大切にしたいと思っている。ただ、以前、某週刊誌に掲載された魚を大量死させたという記事が根も葉もない嘘であることだけは、ここに記しておきたい。

第二章

理想の池

池を評価するときに、「良い池」「悪い池」と言うことがある。良い池は「面白い池」とも言われ、在来種にあふれている池。かいぼりをした後に目指す環境のお手本となる。最近では、そうした池は少なくなった。「池の水ぜんぶ抜く大作戦」の番組内でも、ほんの数回しか出たことがないので、イメージが湧かない人も多いと思う。本章では、良い池とは何なのかを、そして理想の池に出会ったときのワクワク感を伝えたい。

溜め池天国での合宿

僕がこれまで仕事、趣味にかかわらず見てきた中で、「溜《た》め池天国」と呼べる場所が1か所ある。新潟県某所。ここには外来種がほとんど侵入しておらず、希少な生物だらけの場所なので、密放流や乱獲を防ぐ意味合いから地名は公開しないでおく。

町全体が斜面と言っても過言ではなく、平地が少ない。米づくりの水を確保するため、町中に小さな溜め池が作られている。何年も前に友人に案内されて初めて訪れたのだが、その豊かな自然にすっかり魅了されてしまい、妻を連れて遊びに行ったりもした。

ＮＰＯバースでは、環境保全の経験値や種同定の能力向上のため、年に1度は遠征合宿をして、様々な自然に触れるようにしている。僕は、この場所をバースの若手スタッフにどうしても見てほしかったので、２０１８年の遠征合宿をここで実施することに決めた。

豪雪地帯の6月は、複数の季節が同居している状況だ。平野部は初夏だが、山はまだ早春で雪が残っている。車で少し移動すれば、いろいろな季節の生き物に出会えるという、面白い時期だ。

写真2-1　湿地帯の生態系の頂点、サシバ

最初の目的地の湿地帯に着くと、さっそく頭上で「ピックイー」という鳴き声が聞こえた。これはサシバという鷹《たか》が繁殖期に出す鳴き声だ。サシバの好物はカエルやヘビ。つまり湿地帯で暮らす鷹だ。東京や埼玉ではほぼ繁殖地が消滅してしまったが、新潟県のこの地ではあちこちで姿を見ることができる（写真2－1）。

水田脇の水路はコンクリートで固められていない、土の水路だ。そこにフトヒルムシロがびっしりと生えている。葉っぱを水面に浮かべるタイプの水草だ。そしてその葉の陰から、トノサマガエルが何匹も顔を出している。

少し行くと、すぐに一つめの溜め池が現れた。ここには、ヒルムシロの仲間が2種類あり、それぞれ葉を浮かせている。その葉から葉へと、オオイトトンボが行ったり来たりしている。もちろん、水は濁ってなどいない。普段、都会の公園やテレビのロケで見ているのとは違う池。そう、これを見に来たのだ。しかしこの池はやや深く、入るのは難しそうだったので、次の池を探す。

写真2-2　モリアオガエル

美しい水草たち

歩いて谷の中を進んでいくと、放棄された水田がけっこうある。この地域では過疎化が進んでいる。水田跡が良い湿地になっている場所もあれば、長く放置されたためにヤナギなどの樹木が生えている場所もある。

そんなヤナギの木には、白い泡の塊がいくつもくっついていた。これはモリアオガエルの卵塊だ。そういえば、あちこちからモリアオガエル特有の「ココココ……」という声が聞こえている。声のほうにそうっと近づいて目を凝らすと、低木の枝の上にいる美しいカエルを見つけることができた（写真２－２）。

さらに進むと、二つめの池が現れた。きれいな楕《だ》円形《えんけい》の葉が、水面を覆い尽くすように浮いている。

写真2-3　ジュンサイの葉

写真2-4　食虫植物のイヌタヌキモ

「ジュンサイだ！」

思わず声が出る。独特のぬめりがある若芽は食用になり、酢の物や天ぷらにする。瓶詰めで売られているのを見たことがある人もいるだろう。日本国内では、溜め池の富栄養化が原因で自生地が減っており、市場で流通しているものの多くは中国産なのだそうだ。僕自身、自然下で見るのはひさしぶりだ（写真２－３）。

さらによく目を凝らすと、繊細な水草が目についた。植物に詳しく、溜め池の水草を研究していた舟木《ふなき》匡志《まさし》くんと顔を見合わせた。

「これって、タヌキモの仲間だよね？」

タヌキモ類は、水中に生える食虫植物。捕虫のうという小さな袋をたくさん持っていて、ミジンコなどを捕らえる。栄養が乏しい場所に生え、動物プランクトンを食べることによって栄養不足を補うという戦略で生活している。何という面白い植物だろうか。今回見つかったのは、イヌタヌキモという種類だった（写真２－４）。序盤から大興奮である。

こうして少し歩くたびに新たな池が出現し、美しい水草やカエルやアカハライモリが姿を見せてくれる。やはりここは溜め池天国だ。気づけば、時間は15時過ぎ。昼飯を食べそこねていたが、まわりに店もないのでそのまま観察を続けた。

ブナ林や渓流にも足を延ばし、普段の生活では見られない環境と生き物たちに触れて、大満足で宿に向かった。ようやく食事だ。

しかし飯を食べてこれで終わりではない。合宿の目的の一つである「生物の同定能力の向上」に取り組む。生物は種類ごとに生態も保全方法も異なるので、正しく種類を調べる能力は僕たちには必須だ。

今回はヤゴをテーマに選んだ。僕自身、ヤゴは得意な分類群ではないので学んでおきたかった。事前に予習した知識とお気に入りの図鑑を若手に紹介しながら、身近なヤゴの同定に関する大枠を説明する。その後は、昼間に採集した生物やその写真を見ながらの同定大会である。

生き物好きが遠征先の宿で部屋に集まれば、たいていはこうなる。これがまた楽しい。技術も身につく。

一段落したところで、懐中電灯とカメラを担いで再び車に乗り、街灯巡りへと繰り出す。街灯巡りとは、灯《あか》りに引き寄せられて集まってくる昆虫などの生物を探すことだ。コンビニの駐車場、自動販売機の灯りなども有力だが、最近では照明が紫外線の少ないＬＥＤライトに変わったせいで昆虫が集まりにくい場所が多くなった。

でも、これは環境保全的には良いことだ。灯りに引き寄せられた昆虫は誘蛾灯《ゆうがとう》で焼かれたり、車に轢《ひ》かれたりして死んでしまうことが多い。虫が集まりにくい照明に変えることは、昆虫を守ることにつながっている。この夜は、無人駅の照明に来ているオオミズアオなどを堪能《たんのう》し、宿への帰途についた。

溜め池天国での2日め

2日めは、ちょっと違うタイプの池を見たい。昨日の池はいずれも水深が浅く、生えていた水草もそういう環境を好むものたちだった。今日は深そうな池を目指してみよう。地形図や航空写真を手がかりに、池を探して車で走り回る。そうして、やや小高いところでそれっぽい池を見つけた。藪《やぶ》に囲まれていて近づきにくいが、遠目に見ても明らかに面白そうだ。

近づいてまず確認できたのは、水面に浮いているヒツジグサ（写真2－5）。ジュンサイに続き、これも野生下ではひさしぶりの出会いだ。ヒツジグサは、日本在来の野生のスイレンである。一方で、僕たちがよく公園の池やホームセンターの園芸コーナーなどで目にするスイレンは、すべて外来種だ。海外から園芸植物として持ち込まれたものや、それをかけ合わせて作られた園芸品種なのである。

このことは、ほとんど一般には知られていない。美しい花が咲くこともあって、意図的に、それも善意で植えられることが多い。

在来スイレンであるヒツジグサと違い、外来スイレンは枝分かれしながらどんどん横に伸びる地下茎を持っており、1度池に入るとあっという間に繁殖して池を覆ってしまう。もしそこに日本在来の水草があった場合、たいていは外来スイレンに負けて姿を消してしまう。

ちょっと脱線したが、ここはきっと良い池だ。推察するに、比較的古くから存在していて水質が良く、外来種は侵入していないだろう。そうでなければ、ヒツジグサは消えてしまっているはずだ。足を踏み入れてみると、池底は奥に行くほど深いスロープ状になっていて、手前と奥では生えている植物の種類が違う。これは動物もきっと面白いに違いない。

みんなでタモ網を入れて、ガサガサと掬《すく》い上げてみる。まずは大きなヤゴが採れた。それもたくさん。ギンヤンマのヤゴだ。それからコオイムシ、クロゲンゴロウといった水生昆虫類も採れる。

やっぱり良い池だなあ、そう思いながら一息ついていると、休むことなくガサガサを続けていた同僚の金《かね》本《もと》敦志《あつし》さんがニヤニヤを隠そうとしながら隠せていない顔で近づいてきた。何か大物が採れたらしい。彼の

写真2-5　ヒツジグサが浮かぶ池

タモ網の中を覗《のぞ》くと、黒っぽくて大きな虫が元気よく動いていた。

「ゲンゴロウだ！」

ゲンゴロウ体験の差

日本産ゲンゴロウ類の中の最大種（写真２－６）。このとき初めてゲンゴロウを見た若手スタッフは「空想上の生物かと思ってましたよ！」と冗談を言いながら大興奮している。そんな彼を見て笑いながら、しかし考えてみれば無理もないなあとしみじみ思った。

ゲンゴロウの分布域は沖縄を除く46都道府県だが、そのすべてにおいてレッドリストに掲載されている希少種だ。僕たちが普段活動している東京都では、すでに絶滅してしまっている。

写真2-6　日本全国で減っているゲンゴロウ。大きさは40mmを超えることもある

僕が生まれ育った福島県郡山市《こおりやま》は養鯉業《ようりぎょう》が盛んなこともあり、溜め池がたくさんあった。朝、小学校に行くとき、街灯の下にはよく数十匹のガムシと２～３匹のゲンゴロウが落ちて

いて、僕はゲンゴロウで遊びながら登校していた。その後、郡山市でも急激に自然環境が悪化してゲンゴロウは減ってしまったが、全国的にも傾向は同じだったはずで、若い世代はこうした経験をできなかった人が多いのだろう。僕はそういう古き良き時代の経験者で、恵まれていた。

写真2-7　シナイモツゴ

「ゲンゴロウを、空想上の生物から身近な生物にしなくちゃな」

良い生物との出会いは、保全のモチベーションを上げてくれる。

それからもう一つ、すごい生き物との出会いがあった。シナイモツゴが捕れたのだ（写真2－7）。シナイモツゴは淡水のコイ科魚類で、一見するとどこの池や川にもいそうな普通のモツゴに見えるのだが、頭がやや大きく、ヒレが丸い。かつては東日本に広く分布していたが、関東では1940年代ごろまでにほぼ絶滅。環境省レッドリストでは絶滅危惧《きぐ》ⅠA類という、もっとも危機的とされるランクになっている。

テレビ東京の番組「池の水ぜんぶ抜く大作戦」で追い続けていまだ見つけられていない魚だが、この場所にはたくさんいた。日本にはまだ、守るべき自然が残っている。

濁った池から顔を出したのは……

合宿も終わりに近づいたころ、おかしな池を見つけた。水草がまったくない。この地域では、そういう池のほうが珍しい。水の色は、テレビロケでよく見る濁った緑色で、なんだかそこだけ異空間だ。2日間で20か所の池を見てまわったが、他のすべての池は水草と在来生物であふれていた。この池だけ、なぜ濁っていて、水草がないのだろう？

疑問に思いながらみんなで池を眺めていると、不意に大きな生物が水面に顔を出した。それはコイだった。

これまで僕はテレビ解説でも、自然観察会でも「コイは外来種。池の水を濁らせるので、水草が生えなくなって生物多様性が低下します」という説明をたくさんしてきたのだが、これほど鮮やかにビジュアルでそれを見せつけられたのは初めてだった。やはり、コイの放流は池を変えてしまうのだ。自然の池とコイの飼育池は分けなくてはならない。

たくさんの感動と学び、そして衝撃を与えてくれた新潟合宿は、こうして終了した。

第三章　密放流者との暗闘

「密放流」とは、生物を秘密裏にこっそり放流すること。意図的かつ必要な手続きを踏まずに放流することを指す。多くは一部の釣り関係者によって、自らの楽しみや利益のために行われるが、地域の生態系を破壊する最悪な行為の一つと言える。本章では、見えない密放流者との戦いを記す。

パークレンジャーvs釣り人

東京都には、都立公園（東京都建設局所管）が82か所ある。その中でも最大の公園が、狭山丘陵にある野山北《のやまきた》・六道山《ろくどうやま》公園である。まだ一部開園していないものの、全部合わせた面積は260ヘクタールにもおよぶ。東京ドーム55個分という広さだ。公園の大半はコナラを中心とした雑木林に覆われていて、丘と谷が入り組んだ、自然豊かな場所だ。この野山北・六道山公園も僕たちが管理する公園の一つだ。

この公園の中に桜沢《さくらざわ》という谷があり、そこに桜沢池という池がある（写真3－1）。面積は900㎡ほど。明治初期から中期に作成された迅速測図（古い地形図）には池が描かれておらず、このころはまだ桜沢池は存在していなかった。また、1971～89年の航空写真にも池は見当たらず、代わりに複数の建物が確認できる。地元の人に聞いた話では、これらは養豚場だったらしいが、いまは跡形もない。

そして2006年にNPOバースが公園の管理を始めたときには池があった。つまり桜沢池は、1990~2005年の間に作られた、比較的新しい池だということがわかる。

これまでに僕たちが行った桜沢池の調査で、11種の生物が確認されているが、その顔ぶれに危機を感じる。在来種はドジョウ、ニホンスッポン、ニホンマムシ、アズマヒキガエル、スジエビ。特にアズマヒキガエルの大繁殖地になっていて、春は水際がオタマジャクシで真っ黒に染まるほどだ。ニホンスッポンとニホンマムシは絶滅危惧種《きぐしゅ》だし、これらを見るとむしろ良い池だなという印象を受ける。

写真3-1　桜沢池

問題は外来種だ。オオクチバス、ブルーギル、コイ、アカミミガメ、ウシガエル（写真3-2）、アメリカザリガニの6種類で、いずれも「侵略的外来種[1]」と位置づけられるものだ。日本中、どこの池に行ってもどれかは出現することから、僕は「外来種御六家」と呼んでいるが、その全種がこの池には勢揃いしている。

その背景として問題なのが、バス釣り人の存在だ。

写真3-2　侵略的外来種のウシガエル

都立公園では、一部の例外を除いて釣りを禁止しているが、桜沢池ではバス釣りをする人が後をたたない。釣る人がいるということは、池に放流する（した）人がいるということだ。

この公園にはパークレンジャーを配置していて、パトロール中に釣り人を見つけた場合にはルールを伝え、釣りをやめるように指導を行っている。たいていの人は禁止であることをわかってやっているので、指導されると「はいわかりました」とおとなしく引き下がる。だがそれは表面だけで、レンジャーが立ち去るのを待って釣りを再開するパターンが多い。

また、中にはレンジャーに殴りかからんばかりに怒る釣り人もいる。パークレンジャーは警察ではないので強制的にやめさせる権限はないし、ケンカをするわけにもいかないので、伝えるべきことを伝えた後には立ち去るしかない。対応はとても難しい。

ただし、パークレンジャーは不屈だ。リーダーの杉山俊也くんを筆頭に、怒鳴られようがスカされようが、釣りの現場を確認したら必ず、何度でも指導を行う。公園の自然と安全を守るうえで欠かせない存在だ（写真3－3）。

写真3-3　パークレンジャーの杉山くん

（1）「侵略的外来種」とは、外来種の中でも生態系への悪影響が特に大きいもの。日本における侵略的外来種は、環境省と農林水産省によって「生態系被害防止外来種リスト」にまとめられている。

かいぼりの絶大な威力

バスやギルを捕獲しようと定置網やもんどりを仕掛けたこともあったが、当然のことながら採り尽くすことはできない。根本的な解決のために、僕はかいぼりを行おうと考えて計画を立てていた。

そこへ朗報が入ってきた。18年度より、東京都が都立公園の池のかいぼりのために年間2億円の予算をつけるという。

この年の4月に放映されたテレビ東京の「池の水ぜんぶ抜く大作戦」に小池百合子《こいけゆりこ》都知事が出演し、外来種駆除によって在来種を守ることの必要性を語っていた。小池さんは、環境大臣だった時代にオオクチバスを特定外来生物(2)に指定するという歴史的な決断を下した方で、この問題にはきっと今も大きな関心を持っているのだろう。

この東京都の事業は、3〜4年かけて都立公園内の30か所の池をかいぼりするというものだ。僕たちの公園からも複数の池が候補として挙げられ、桜沢池も実施対象に選ばれた。かいぼり予算を東京都から出してもらえるのはとてもありがたい。

(2)「特定外来生物」とは、侵略的外来種のうち、外来生物法によって指定された海外由来の外来種のこと。

ギル、ギル、ギルの池

さて、桜沢池のかいぼりは、18年12月15日に実施となった。

採れる魚は、多くがその年に生まれたブルーギルだ(写真3-4)。掬《すく》うたびにギル、ギル。最小のものは10円玉より小さい稚魚だ。明らかにこの池で繁殖している。なんと全部で28331匹も採れた。

ブルーギルは、北米原産の外来種だ。1960年、当時の皇太子、明仁《あきひと》親王（現上皇）がアメリカを訪れた際にシカゴ市長から贈られ、15匹を日本に持ち帰ったという。それが皇居内の池や静岡県の一碧湖《いっぺきこ》に放流されたのを皮切りに、徐々に放流エリアが広がっていった。

写真3-4　ブルーギルの成魚。エラ蓋の一部が濃い青色なのが名の由来

さらにそれを全国の隅々まで広げたのがバス釣りの流行だ。「ブルーギルはオオクチバスの餌として良いので2種をセットで放流するべし」ということで、釣り関係者が全国の水辺に放流した結果、ここ狭山丘陵の池にもブルーギルが生息することになった。

脚に当たってくる大きな塊はコイだ。コイは20匹。そして本命のオオクチバスが15匹。これがデカイ！　40㎝オーバーの個体までいた。しかし数が少ない。おそらくは、ブルーギルによってバスの繁殖が抑えられている状況だと考えられた。ギルはバスの卵を食べるためだ。

ウシガエルは、成体が1匹とオタマジャクシが134匹。アメリカザリガニが15匹。アカミミガメがいないなと思っていたら、翌日になってパークレンジャーが発見。これで見事に外来種御六家の揃い踏みとなった。ほかにもカワリヌマエビの仲間（観賞用や釣り餌用に輸入されたシナヌマエビや、西日本に自然分布するミナミヌマエビ、あるいは交雑個体。判別はむずかしいが、いずれも当地では外来種）が6匹採れた。

在来種は生き残っていないのか？　ちょっと諦《あきら》めたくなりそうな状況の中、根気強い探索によって少しだけ見つかった。落ち葉の裏に隠れるのがうまいコシアキトンボのヤゴが22匹。泥に潜るのが得意なドジョウが9匹。

残念ながら、これだけだった。総数で言うと、在来種が31匹で外来種が3023匹。99％が外来種という結果だった。桜沢池の生態系は、壊滅していた。

このかいぼりでオオクチバス、ブルーギル、コイの3種については根絶させることに成功した。今後、ウシガエルとアメリカザリガニが急激に増える可能性があることはたっちゃん池で経験済みなので、これに気をつけながら管理していけば、在来種の棲《す》む池へと変えていくことができるだろう。絶望的と言えるほどの結果ではあったが、逆に言えばこれ以上落ちることはないし、今後は良くなる一方ではないか。このときはそう思っていた。

かいぼりが終わった後、約2か月は池干し状態を維持した。池の中にブルーギルの稚魚の捕り残しがいたとしても、すっかり絶えたことだろう。また、池底に蓄積していた窒素やリンが酸化・ガス化するなどして富栄養化が改善されているはずで、池の水の透明度が向上することが期待できる。3月中旬にまとまった雨が降り、あっという間に桜沢池の水位は回復した。これを受け、飼育していたコシアキトンボのヤゴとドジョウを3月20日に池に放流した。

「これで桜沢池は生まれ変わるぞ」

そう思っていた矢先のことだった。5月の終わり、すっかり平和になったはずの桜沢をパトロールしていたパークレンジャーより、緊急連絡が入った。

「桜沢池を大きなバスが泳いでいる。少なくとも2匹いる」

やられた、密放流だ。かいぼりでオオクチバスがいなくなったことを知ったバス釣り人が、またこっそりと放流したのだろう。あれだけみんなで頑張ったこと

写真3-5　狭山丘陵の作戦隊長、舟木くん

写真3-6　釣り上げたオオクチバス

を一瞬で無にしてしまう、その行為をいとも簡単にする人がいることが衝撃だった。また、オオクチバスは特定外来生物に指定されているから、放流は犯罪だ。個人がこの罪を犯した場合、3年以下の懲役もしくは300万円以下の罰金となる。

　ショックを受けつつも、ボヤボヤしていられない。5月の終わりは、オオクチバスにとっては繁殖最盛期に差し掛かっているから、もし見つかった2匹がオスとメスだったら、繁殖する可能性がある。そうなれば、せっかくの努力がいよいよ本当に無駄になってしまう。

　このころ、後輩の舟木匡志くんが、僕に代わって狭山丘陵の保全リーダーとなっていた（写真3－5）。学生のころから溜め池を研究し、土木的な知識も合わせ持っているので、かいぼりにはうってつけの人物だ。彼は即座に手を打った。

「釣って駆除しよう」

釣り経験のあるスタッフに指示し、すぐに2匹を釣り上げた（写真3－6）。しかし翌日には、オオクチバスの成魚がもう1匹泳いでいるのが確認された。2匹だけではなかったのだ。慌てて再び釣ろうとするが、今度は釣れない。まずい。焦りが募る。

環境テロに屈しない

そしてその3日後、恐れていたことが現実になってしまった。桜沢池の中に、オオクチバスの稚魚が群れで泳いでいるのが発見されたのだ。孵化《ふか》までの日数がおおむね1週間ぐらいであることを考えると、2匹を釣り上げたときにはすでに産卵は終わっていたことになる。環境保全的にも、精神的にもダメージが大きい。密放流を「環境テロ」と表現するのをときどき耳にするが、まさにそのとおりだなと実感する。

しかし舟木くんはあくまで前向きで、全然へこたれていなかった。

「地引網を使って、繁殖した稚魚をまとめて捕獲できるかやってみます。それでダメなら、池の水をもう1度抜いて駆除しましょう。あわせて、池の中にネットを張って、釣り針が引っかかるようにしてみます。釣りがしづらくなれば、釣り人も再放流を諦めるかもしれません。それから今回のことを警察に相談して、それを看板に書いて池の前に立てようと思います」

矢継ぎ早に新たな対策案を持ってきた。

写真3-7　捕獲したオオクチバスの稚魚

「いいね、全部やろう」

地引網は、たっちゃん池の魚類調査で使おうと思って特注で作ってあったものだ。この捕獲はある程度成功し、3000匹以上を駆除することができた。ただ、その後もタモ網を入れるたびに少数が採れる状況が続き、ゼロにはなっていないことがわかった。

やはり水を抜くしかあるまい。かいぼりでは池の水を電動ポンプで抜いたが、今回はサイフォンの原理で抜いてみることにした。これも舟木くんが地形を見て立てた作戦だ。時間はかかったが、池の水は見事に抜けて、オオクチバスの稚魚をすべて駆除することに成功した（写真3－7）。

「でも、また放流されるんじゃないだろうか」

かかわっているみんなが、そう考えずにはいられなかった。だが、いいのだ。放流されたらまた水を抜いてすべて駆除する。何度でも。そういう姿勢を見せることが、密放流の防止につながっていくはずだ。

池の水が抜けているうちに、釣りを邪魔するためのネット張りも実行。釣り人の気持ちになってみると、買ったばかりの高価なルアーを失うわけだから、これは嫌だろう。効果があるかもしれない。

警察にも相談し、パトロールを強化してくれることが決まった。かいぼり後に密放流が行われたこと、それが犯罪であり警察に相談していること、密放流を目撃したら情報を寄せてほしいこと、これらを看板にしたためて、桜沢池の前に立てた。

その後、新たな密放流は確認されていないが、水中に張ったネットにルアーが引っかかっていたことが数回あったので、おそらくバスが駆除されたことを知らずに釣りに来た人がいたのだろう。また、設置した看板が壊されていたことが3度あり、我々の外来種駆除の取り組みに腹を立てている人がいることもわかっているので、油断できる状況ではない。今後もスタッフみんなで力を合わせ、桜沢池をよみがえらせる努力を続けていく。

コラム　2

日本の生き物は弱いのか？

外来種問題は難しい。定着してしまった種の駆除は大変だし、新たに侵入した種の動態を予測するのも困難だ。そして何より、命の問題がつきまとう。生き物の命を奪うことに慣れず、割り切れず、苦しんでしまう人ほど、外来種問題に真剣に向き合えるのかもしれない。そんなあなたのために、もう少しだけ外来種について語っておきたい。

「外来種は強く、日本の生き物は弱いから負けてしまう」という話をよく聞く。確かに、オオクチバスやブルーギルによって在来種が駆逐された池や、草地を覆いつくすセイタカアワダチソウなどを見ていると、そう思ってしまうかもしれない。

でも実際には、日本の生き物が弱いわけではない。古くからのしがらみで、好き勝手ができないだけだ。何万年という長い年月の中でできあがってきた日本の生態系。そこではさまざまな生物が、食物連鎖に代表される利害関係を持ち、複雑に絡み合って生きている。その中で、1種類の生物だけが一人勝ちして爆発的に数を増やすことはできない。

しかし、そうした歴史を無視し、人間の手でホイッと連れてこられた外来種には、しがらみなんてない。自分を積極的に食べようとする生物は存在しない。あとはただ本能に従い、一生懸命生きるだけだ。異国の地で手に入るものを食べ、子孫を残した結果、日本の生態系が崩れて、侵略的外来種と呼ばれてしまう。

　日本の生き物が弱くないことは、逆に日本から外国に連れ出された生き物の事例を見ればわかる。よく知られているのは、マメコガネ。この日本の小さなコガネムシは、アメリカに外来種として侵入し、農作物や公園の芝生を食い荒らすなど、大暴れしている。そのため、「ジャパニーズ・ビートル」と呼ばれて恐れられている。

マメコガネ。植生は幅広く、さまざまな植物を食べる

クズ。紫色の花は甘い香りがする

　ツル植物のクズも有名だ。観賞植物としてアメリカに持ち込まれ、家畜の飼料としても利用されたが、今では手に負えないほどはびこって問題となっている。日本の生き物も、しがらみのない土地に持ち込まれれば「強い外来種」になる。

　生き物が好きな人間にとって、外来種問題というのは本当にやっかいだ。外来種だって、大好きな生き物の一つ。

駆除などしたくない。しかし、問題になる外来種は増え続けており、触れない日はないぐらいになっている。そのため、僕の心の中では血の涙が流れっぱなしだ。ぜひ、これ以上新たな外来種が増えないよう、一人一人にご協力をお願いしたい。

世の中には、専門家・学者の肩書きを持ちながら「外来種を悪者にするな」「駆除する必要はない、受け入れろ」という発言をしている人がいる。また、そうした論調の専門書っぽい書籍も存在する。しかし、非科学的な感情論なので注意が必要だ。

これらは、「生態学者や環境保護派は、外来種を悪だと決めつけている」ことを論拠の一つとしているのだが、本書を手にとってくれた人ならば、これが間違いだということがわかるはず。本物の生き物好きは、外来種を悪だなどと思わない。いずれの生物も長い年月の中で進化してきた素晴らしい生物だ、と思っている。そもそも、まともな専門家は、自然科学の中に「善悪」などという価値観を持ち込まない。つまり、前提からして間違っている。

こうしたことを発信する人は、種数が増えたり交雑したりすることが生物多様性を高めると思っていたり、外来種問題と人種差別を混同していたりすることも多い。いずれも、生物多様性やその保全という概念の理解が間違っているので、影響されないでほしい。

第四章

ビオトープをつくりたい

自然体験は、子どもの心身の成長にとって様々なメリットがあるとされている。では身近に自然がない場合にはどうすればいいのか？　そんなときには、ビオトープをつくろう。この章では、子どもたちのために新たにビオトープ池をつくった三つの話を紹介する。

池をつくりたい

2018年、春から初夏へと季節が変わりはじめるころ、一つの相談が舞い込んできた。「神社の中に、子どもたちが生き物と触れ合えるビオトープをつくりたい」

相談の主は、西東京市にある田無《たなし》神社の若き宮司、賀陽《かや》智之《ともゆき》さんだった。寺社に池があるのは珍しくないが、ビオトープを、それも一からつくるという話はほとんど聞いたことがない。さっそく田無神社に行って、予定地を見てみることにした。

田無神社は鎌倉《かまくら》時代から続く由緒ある神社で、風と水の神様をお祀《まつ》りしているそうだ。境内には国の有形文化財に登録された参集殿《さんしゆうでん》をはじめ、立派なお社がいくつもある（写真4－1）。また、イチョウやケヤキの大木が並び、神社らしい厳かな雰囲気が漂っている。

その中の御朱印処《ごしゆいんどころ》とおみくじ処の横が、今回の予定地だ。ほぼ枯れてしまって種類のわからない針葉樹の老木が、支柱に支えられて斜めに立っており、そこにムベと思われるツル植物が絡みついている。

老木の根元を見ると、石が並べられて水路のような形を成しており、そこに「田無用水」という看板が建てられていた。はて、これは何だ？

写真4-1　田無神社の境内

ＮＰＯバースの代表理事である折原磨寸男《おりはらますお》さんがこの土地の歴史に詳しいので、話を聞いてみると、面白いことがわかった。昔、この地域には、田無用水という水路が流れていた。江戸時代の中期、１６９６年ごろにつくられた水路で、地域の人々はこの水路の水を炊事や洗濯、農作物をつくるために利用していた。そしてそこには、小魚やホタルなどさまざまな生き物が生息していた。

　しかし、昭和に入り水道施設の整備が進むと、生活用水としての田無用水の役目は終わった。１９６４年ごろには、コンクリートの蓋《ふた》で閉ざされ、その上に遊歩道がつくられた。江戸時代から続いた水の流れる風景や、小魚やホタルの姿も消えてしまったという。

　ビオトープ予定地は、この暗渠化《あんきょか》された田無用水の真上だったのだ。これは、どんなビオトープをつくるのかを考える上で欠かすことができない重要な情報だ。

その後、地元の工務店や造園会社との話し合いの場が持たれることとなった。意見を交わしながら、池の大きさや形などのイメージを作り上げていく。神社という公共性の高い場所に、野生生物が生息し、子どもたちがそれを観察できる空間を創出する。これだけでも非常に素晴らしいことだが、そこにもう一つ重要な視点を加えることにした。

それは田無用水の風景や、そこに存在した生態系を再現しようというものだ。用水の復活は現時点では難しいが、この場所に水辺をつくることは、その第一歩として大きな意味を持つだろう。

池づくりの基本工程

まずは予定地を更地にする。剪定《せんてい》バサミでツル植物を除去し、そのうえでチェーンソーを使って老木を伐採していく。次に石や看板の撤去。これで予定地が更地になった（写真4－2）。

そこにショベルカーで穴を掘り、池の外形を作る。そのままでは、水を入れても地中に染み込んでいってしまうので、ランマーという建設機械で地面を固めたあとに水漏れしない丈夫なゴムシートを張り（写真4－3）、さらにその上に絨毯《じゅうたん》のような緩衝材を敷く。ゴムシートに穴があかないようにするためだ。ここまで、地元の工務店と造園会社が大活躍だ。ちなみになぜ自然の池では水が地中に染み込まないかというと、地中に粘土の層があるため。粘土は粒子が細かく、水は粘土層より下に行かない。これを不透水層という。

写真4-2　ビオトープの予定地(白線が池の形)

写真4-3　防水用のゴムシートを張る

次に、神社らしい景観をつくりたいという宮司の賀陽さんの要望を受け、池の中に滝を設けることになった。本小松石《ほんこまついし》という高級な自然石、それも長さ2mほどもある大きな石を池の中に立て、中をくり貫《ぬ》いてパイプを通し、ポンプで汲《く》み上げた水が石の上方に開けたスリット部から流れ落ちる構造だ。これには地元の石材屋さんが全面協力。この滝は、水中に酸素を供給するエアレーションの役目もしてくれるだろう。ポンプにはフィルタも組み込まれたので、水は常に循環しながら濾過《ろか》され、透明に保たれるはずだ。

そして池をつくるにあたってもっともこだわり、そして苦労したのが、土の入手だった。池をつくるときに掘った土には水草の種が含まれていないので、ビオトープ池には適さない。田無神社からなるべく近く、かつ、田無用水と同じ多摩川《たまがわ》水系に位置する池や湿地などから土を入手することができればベストだ。遠く離れた場所から土を持ち込んでしまっては田無用水の再現にならないし、それどころか、別な地域の植物の種子を人の手で持ち込めば、国内外来種を神社に侵入させることになり、生態系の攪乱《かくらん》につながってしまう。

ただ、田無周辺はかなり都市化が進んでおり、土を入手できそうな場所がなかなか見つからない。さまざまな公園や河川沿いの湿地などの候補地を検討し、交渉を重ね、9月過ぎにようやく見つかった入手先は、府中《ふちゅう》市の多摩川沿いに位置する農家さんの土地だった。

現地に行ってみると、案内された田んぼにはコナギなどの雑草がもさもさ生えている。今どきではちょっと珍しい。雑草が生えれば稲に栄養がいかなくなるので、除草剤を使って抑えてしまうことが多いからだ。ということは、この田んぼは除草剤を使っていないのかもしれない。そう思いながら畦《あぜ》を歩き出すと、足元からぴょんと生き物が飛び出して稲の茂みの中に逃げ込んだ。

「えっ」

一瞬、緊張する。今の飛び方は明らかにカエルだ。数歩進むと、またもぴょんっとカエルが飛び出て逃げた。すばやい。

「いまのはヒキガエルでもアマガエルでもない」

緊張が増して、心臓が高鳴る。

さらに数歩進み、再びカエルが飛び出したところをすかさず捕獲する。

「トウキョウダルマガエルだ‼」

トウキョウダルマガエルは環境省レッドリストで準絶滅危惧、そして東京の北多摩地域では絶滅危惧ⅠB類に選定されている希少種で、僕が知る限りでは東京都内の生息地はほんの数か所しかない。「東京」の名を冠しながら寂しいことこのうえないが、ここに生き残っていたことは本当にうれしい。

「ここの土は良い」

そう確信した。田んぼの持ち主に話を聞いてみると、やはり除草剤の量はかなり抑えているということだった。

ただ、いま現役で米づくりしている田んぼの土を取ってしまうわけにはいかないので、その隣接地の畑の土をいただくことにした。30年前まで水田だった場所だそうだ。

良い池にするための工夫

水辺に生息する動植物の種類は多様で、種類によって好む環境が異なる。池の中に多くの環境パターンを再現できれば、それだけ多くの種類の生き物を誘致できることになる。そう、ビオトープづくりは、言ってみればここからが正念場。

工夫すべき最初のポイントは水深だ。水深の違いは生物の多様性を生む。たとえばシジュウカラなどの小鳥は水深1㎝ほどの浅い水辺で水浴びをするし、ニホンアカガエルは水深10㎝の水たまりに産卵する。水草も、水深によって異なる種類が生える。そこで、田無神社のビオトープ池を三つのエリアに分け、極めて浅い場所（水深1～5㎝）、やや浅い場所（水深15㎝ほど）、深い場所（水深30～40㎝ほど）という水深の違いを設けた。

次のポイントは水の流れの有無だ。たとえばアメンボ類で見ると、流水にはシマアメンボ、止水にはコセアカアメンボなどと棲《す》み分けが起きて多様性が生まれる。

今回の場合は、滝のまわりが流水環境になることを考慮し、滝を設置する位置を調整することで、流水・止水それぞれの場所をしっかり確保した。

それから乱杭《らんぐい》の設置も一つのポイントだ。水深が異なるエリアは、土留めで仕切っておかないと、土が崩れていずれ同じ水深になってしまう。そこで、高さの異なる木杭（乱杭）を隙間なく打ち込んで土留めとした。杭は水中に没しているものもあれば、水上に突き出ているものもある。つまり魚が泳いで通り抜けられる隙間も、トンボが翅《はね》を休める場所もあるということだ。

最後の仕上げとして、池の中に水草を植えた。ミゾソバ、ウキヤガラ、タマガヤツリ、セキショウ類、イトモ類。いずれも土をもらった田んぼや、同じ多摩川水系の河川から採取させてもらったものだ。これは、通常であれば僕らはやらない。人が植えるのではなく、埋土種子が発芽するのを待つのがセオリーだからだ。今回は特別に、ある生き物のために行ったのだった。

奇跡のメダカ

しつこいようだが、造成したビオトープには人の手で生き物を入れることはしないのが基本だ。環境さえ整えてあげれば、生き物たちは自分の力でビオトープに来てくれるものであり、どんな生き物がやってくるのか観察するのがビオトープづくりの醍醐味《だいごみ》でもある。

しかし今回は、宮司の賀陽さんが、池にメダカを泳がせたいという強い希望を持っていた。かつての田無用水の環境に少しでも近づけたいと思っているのかもしれない。気持ちはわかる。だが、そのメダカはどこから持ってくるのか？　ペットショップで売っている産地もわからないメダカを入れたら、ここまでこだわって作ったビオトープのコンセプトが崩れてしまう。入れるなら東京産のメダカだろう。

東京を含む南日本に広く分布するメダカは、正しい名前をミナミメダカという。遺伝子解析の研究が進み、北日本のメダカとは別種に分けられた。このミナミメダカ、環境省レッドリストでは絶滅危惧II類、東京都では絶滅危惧ＩＡ類、つまり絶滅寸前とされている。

近代農業における水田や水路の整備、河川の護岸や直線化などに加え、人の手によるメダカの「放流」が原因とされている。キタノメダカとミナミメダカが別種に分けられたように、同じミナミメダカの中にも遺伝子の違いが存在する。地域ごと、流域ごと、場合によっては川ごとに違っている。それは別種に分けるほどではないが、地域ごとの個性であり、メダカの遺伝的な多様性だ。

このことが知られるようになったのは最近だ。いや、今でも知らない人は多い。そういう人は採ってきたメダカを違う川に放したり、飼育下で何世代もかけて品種改良した個体を池に放したりしてしまうことがある。これがあちこちでされた結果、東京のもともとの遺伝子を持つメダカはほとんどいなくなってしまった。

ところが、東京産のメダカは絶滅したわけではなかった。東京大学総合研究博物館研究事

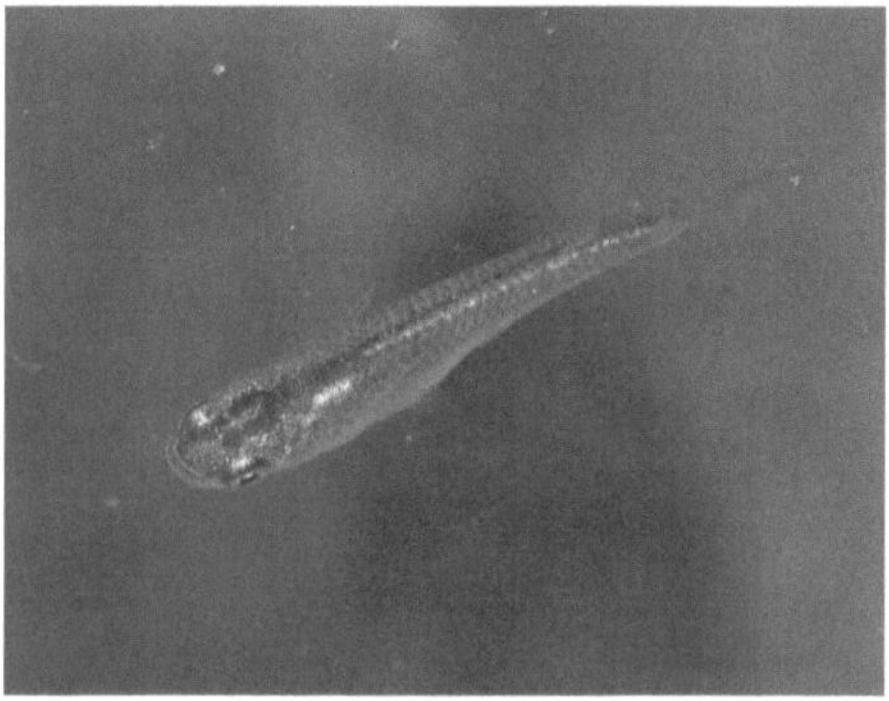
写真4-4　放流された東京産ミナミメダカ

写真4-5　完成したビオトープ「龍神池」

業協力者である須田真一《すだしんいち》先生が、自宅で在来メダカを飼育し続けているのだ。これは、須田先生のお父上、須田孫七《まごしち》先生が第二次世界大戦下の1940年代に井草川《いぐさがわ》沿いの水田で採集したもの。

当時戦争下にあって防火水槽があちこちに設けられていたが、そこが蚊の発生源になっていて、人々は蚊が媒介する病気に悩まされていた。そこで、蚊の幼虫であるボウフラをメダカに食べさせ、人々を病気から救うためにメダカの採集が行われた。

戦争が終わり、メダカは必要なくなったが、須田孫七先生とそのご家族は、その後70年以上にわたりそのメダカを飼育し続けてこられた。その間、他地域のメダカとの交配はせず、純粋な東京の遺伝子を持ったメダカが守られてきたのだ。まだ遺伝的多様性という概念がない時代にもかかわらず、他の産地のものと混ぜないように飼育してこられたのは、一流の研究者の勘ともいうべきものであろうか。

僕は須田先生にそのメダカを分けてもらえないか相談した。NPOバースの折原代表が須田先生と旧知の中だったので、すぐに連絡を取ることができたのだった。すると、水草豊富な飼育環境を用意すること、そして他地域の個体が混ぜられないように見守ることを条件に、特別に譲ってもらえることになった。こうして2018年11月、ビオトープ池に10匹のミナミメダカが放流された（写真4－4）。今後はここも、貴重なメダカを保存する重要な施設の一つとなる。

田無神社にできたビオトープは、宮司の賀陽さんによって「龍神池」と名付けられた（写真4－5）。メダカや多くの生き物の棲みかであるとともに、水神様を祀る場所でもあるそうだ。

翌年から、賀陽さんの依頼を受けて年3回の生物調査を行っているが、アメンボ類3種とトンボ類5種の飛来、そして繁殖を確認するなど、生物の多様性は徐々に増してきている。また、奇跡のミナミメダカは順調に繁殖し、何倍にも数が増えた。

龍神池は、この地域のビオトープ・ネットワークの拠点の一つとして、今後もその機能を果たしていくことだろう。

閉ざされた池

同じ2018年の休日のことだった。僕の出身である東京農業大学の竹内将俊《たけうちまさとし》先生から連絡が入った。

「ある小学校の池を改修することになったのだけど、アドバイスをもらえない？」

竹内先生は、環境保全の基礎や生物の同定技術などを僕に教えてくれた恩師だ。その人からそんな話を持ちかけてもらえるなんて、とてもうれしい。どうやらその小学校の校長先生が東京農大の出身で、そのつながりで恩師や僕に話が来たらしい。

小学校の場所を聞いてみると、なんと三章で紹介した桜沢池のある野山北・六道山公園からほど近い、武蔵村山市立雷塚《らいづか》小学校だった。さっそく現地に行って話を聞いてみることにした。

出迎えてくれたのは、校長先生以下たくさんの先生方と保護者の皆さん。雷塚小学校の20周年記念で、敷地内にある池をなんとかしたいという。

校長の井内潔《いうちきよし》先生は生き物が大好きだ。校長室の窓際には水槽が並び、いろいろな生物が飼育されている。ドアはいつも開け放たれていて、子どもたちが自由に入って観察をしていいという。こんな楽しそうな校長室は見たことがない。

井内先生と話して、子どもたちの自然体験を大切にしていることが伝わってきた。雷塚小学校開校20周年行事実行委員会の事務局として、武蔵村山市もバックアップしている。これはやりがいのある事業になりそうだ。

ひととおり話を聞いた後、池に案内してもらった。まず現れたのは池ではなく、フェンスだった。小さな菜園と並んだアサガオの鉢の横、ソメイヨシノの木の下にフェンスで囲われた小さな空間がある。

そう、この中が件《くだん》の池だった。ちょっと重苦しい雰囲気の場所だ（写真4－6）。フェンスの上から中を覗《のぞ》いてみると、そこにはひょうたん型の小さな池があった。水は灰緑色に濁り、アオミドロのような藻が浮いていてかなり汚い。ここにたくさんの生き物たちがやってくるようにするには、そして子どもたちがそれを観察できるようにするにはどうすればいいだろう?

写真4-6　閉ざされた池

僕は竹内先生と相談しながらプランを練った。そして、土を入れ替えるという結論に至った。田無神社のときと同じ埋土種子作戦だ。良い土を入れてそこから水草を発芽させれば、それだけでビオトープとして機能するはずだ。特にトンボのような飛翔《ひしょう》能力の高い生き物は、水草のある水辺なら確実に何らかの種類が飛んできてくれる。土の入手先は、なんと言ってもすぐ近くにある野山北・六道山公園が筆頭候補だ。

問題は、土を採取して外部に持ち出すことを東京都が許可してくれるかどうか。また、その許可が出て土を入手できたとしても、水があるままでは土の入れ替えはできないので、水は抜く必要がある。つまり、まずはかいぼりをやるということだ。

この案を小学校に伝えたところ、武蔵村山市の職員さんが水を抜くための電動ポンプを1台用意してくれた。タモ網やタライはこちらに用意があるので、機材的には十分かいぼりができる。

あとの問題は人手だった。小さい池とはいえ、かいぼりで生き物をレスキューするにはそれなりに人手がいる。もちろん土を採取する人手も欲しい。土は公園の湿地をスコップで掘って採取するのだが、池の土をすべて入れ替えるとなればそれなりの量が必要になるだろう。ありがたいことに、今回のプロジェクトは、東京農業大学が全面的にバックアップしてくれることになっていた。自然や生物の調査はもちろん、景観・造園的な内容も含んでいるが、それらは農大の得意分野なので、若い学生たちがたくさん来てくれれば解決しそうだ。

雷塚小学校の池をビオトープにするという方向性と、それを実現する作戦についてはおおむね目処《めど》がついた。

もう一つの課題は、子どもたちが池で自然観察をできるようにすることだった。子どもたちを自然体験から遠ざけているフェンスを撤去しなければならない。この作業は武蔵村山市の教育委員会が引き受けてくれて、僕が次に行ったときにはすでに撤去されていた。仕事が早い。

とはいえ、過去、なぜフェンスが設置されたかを考えてみる必要がある。それはやはり、危険だと判断した人がいたからだろう。子どもたちが遊んでも危なくない水深にする必要がある。

最小の池のかいぼり

18年の6月上旬、雷塚小学校のひょうたん池でかいぼりをする日がやってきた。参加メンバーは小学校児童の保護者、井内校長をはじめとする先生方、武蔵村山市の職員など。そこに竹内先生と僕を加えて、総勢25名での作業となった。この池は、僕がこれまでかいぼりをやったどの池よりも小さい。25名いれば人数的には十分すぎる。だが、この中にはかいぼり経験者が自分一人しかいなかった。

そこで、作業の流れを紙しばい形式で皆さんに説明することにした。参加者みんなの作業イメージを事前に統一しておくことは、かいぼりではとても大事なことだ。

説明が終了し、魚を保護するタライやブクブクの設置も完了。池の水位は前日までに下げてある。いよいよ捕獲開始である。池が小さいので、陸からタモ網を差し入れるだけで魚が捕れる。まず網に入ったのはモツゴだ。けっこうな数がいる。それから、捕らなくても正体がわかるやつがいる。キンギョだ。水深が浅いので、濁った水の中でも赤くて大きな体が目立つ。それからメダカも多い。

魚があらかた捕れたので、残っていた水を全部抜いていく。と、池底が姿を現した。石と泥が混じった底質だ。何気なく、人の顔ぐらいありそうな大きめの石をどけると、下からニョロッとドジョウが出てきて、泥の中に潜った。一瞬しか見えなかったが、かなりの大物に違いない。続けて隣の石もどけてみた。するとそこからもニョロッ。その隣からもニョロッ。どうやら、けっこうな数がいそうだ。しかしドジョウは泥に潜るのがうまく、捕獲が進まなくなった。

保護者パワー炸裂

すべての生き物の捕獲が済んだら、次は底泥と石を掘り出す予定になっていた。だったら、もうやってしまおう。そのうちにドジョウも出てくるだろう。一部のメンバーがタモ網をスコップに持ち替えて掘削作業を行っていく。ザクザク掘っていると、ときどきドジョウがニョロッと出るので、タモ網を持つメンバーが、すかさずそれをヒョイッと捕獲する。
ザクッ、ニョロッ、ヒョイッ
ザクッ、ニョロッ、ヒョイッ
良い感じで作業が進み出す。タモ網が入らないような隙間にドジョウが逃げ込んだ場合には、手づかみにする。ただし手づかみの有効時間は一瞬だ。摑《つか》んだ直後にはヌルヌルで確実に落としてしまう。それをすかさずタモ網が受け止める。チームワークが重要だ。

どのぐらい作業をしただろうか、けっこうな数のドジョウを捕獲した。しかし、まだ終わらない。池の底はコンクリートのはずなのだが、それが見えてこない。思っていたよりもこの池は深いようだ。

「疲れてきたし、底泥の除去はこのぐらいで妥協してもいいか」

そんなことを考え始めたところ、スコップ係が交代になった。なんだかちょっとたくましい感じの、3人の男性。彼らが作業を始めると、掘削スピードがいきなり段違いに上がった。

「え、あの方たちはどういった方ですか？」

びっくりして井内校長に尋ねると、いずれも雷塚小学校に通う児童の保護者だった。

「消防士が二人と水道業者が一人」

とのこと。彼らの驚異的な働きで、あっという間に底のコンクリートが顔を出した。もちろん、ドジョウは1匹残らず捕獲。全部で40匹にもなった。

捕獲作業が終わり、捕まえた生き物をみんなで確認していく。魚類は、モツゴ、キンギョ、ドジョウ、メダカの4種類。それからヤゴが3種類、シオカラトンボ、ショウジョウトンボ、オオアオイトトンボ。これらの生き物が入ったタライを見ながら、僕は初めての経験に感動していた。

「1匹も死んでない！」

前述したように、かいぼりという手法は劇薬だ。昔のかいぼりは、魚は採って食べていたから問題にならなかったが、僕たちがいまやっているのは、在来種を守り、水質を浄化し、本来の生態系を取り戻すためのかいぼりなので、できるだけ死なせたくない。

しかしかいぼりを行えば、多少なりとも生き物が死ぬ。正直言って、これはある程度避けられないことだ。ところが、今回のかいぼりでは生き物が1匹も死ななかった。もちろん、池の規模が小さかったからできたことだろうが、参加者はみなかいぼり素人だったのだから、これはすごい快挙だと思う。

命の土を運び込む

都立公園は生き物の採集を原則として禁止しているし、土を外部に提供することもしていない。この壁を突破し、東京都から許可をもらわなければ、雷塚小学校のビオトープは完成しない。僕は西部公園緑地事務所（東京都建設局の出先事務所）に説明をしに行った。

幸いなことに、担当者は我々が普段公園で実施している生き物保全の取り組みを高く評価してくれている方だったので、企画の内容に理解を示してくれた。

かいぼりが終わってから1か月後、土運びを行う日がやってきた。7月の暑さもあり、今回の事業でもっとも過酷な作業となるのは間違いない。ひょうたん池が思ったより深かったので、子どもが安全に遊べるぐらい浅くするとなると、土の量は少なくとも2㎥は欲しい。2㎥は2m×5mの広さを深さ20㎝で掘る量に相当するが、人力で、かつ湿地でこれをやるのは想像以上の重労働だ。掘りとった土の運搬もあるので、成人男性5人でやっても丸2〜3日はかかるだろう。

しかし今回は、東京農業大学地域創成科学科の学生が7名参加している。さらに、かいぼりの土掘りで大活躍してくれた保護者の皆さんをはじめ、小学校の先生方や市の職員さんも参加してくれている。これならきっといける。

集合は野山北・六道山公園の宮野《みやの》入谷戸《いりやと》というところ。ここは都立公園の中で唯一「里山体験エリア」と位置づけられていて、昔の農村の風景が残されている（写真4－7）。茅葺《かやぶ》き屋根の農家が再現された「里山民家」を拠点にして、多くのボランティアが活動している場所である。田んぼもボランティアによって維持されているので、土を掘る道具は充実している。スコップと鍬《くわ》を持ち、谷戸の奥にある湿地に向かう。

近年、この谷戸の湿地は乾燥化が進んでいる。いや、この谷戸だけではなく、公園全体、

写真4-7　宮野入谷戸の風景

そして狭山丘陵全体がその傾向にある。湧き水の量が減ってきていることが理由の一つ。それからゲリラ豪雨で土砂が湿地に流入しやすくなったことがもう一つ。
湧き水が減っている原因は不明だし、ゲリラ豪雨は気候変動という地球規模の現象に起因するものなので、いずれも僕たちの力だけでどうこうできるものではないのが辛《つら》いところだ。しかし、流入した土砂を掻《か》き出して湿地を再生させることはできる。今回の土の採取は、これを推進することにつながる。
掘る場所を決定し、目印のポールを立てる。作業開始だ。湿地なので、スコップを地面に差し込むのは容易だ。スッと入る。しかし持ち上げるのが大変。粘土質の泥は粘りがあるうえに、水分を含んで重い。よって、欲張って1度にたくさん取ろうとせず、少量ずつやるのがコツだ（写真4－8）。
掬《すく》い上げた泥は、土のう袋に入れていく。このときも、たくさん入れすぎてはいけない。土のう袋がいっぱいになるほど泥を入れたら、重くて持ち上がらなくなる。せいぜい半分ぐらいにしておくのがよい。

湿地から運び出すのも、重さと足元の悪さのせいで一苦労だ。ずっと同じ作業だとしんどくなるので、一定時間ごとに交代し、こまめに休憩時間を設けて水分を取る。

写真4-8　土を掘る作業

こうして2時間ほど掘り、この日の作業は終了。さらにその1週間後も同様の作業を行い、土の採取が終了した。その量、土のう袋で２００袋！　目標の2㎥を達成した。

これらの土は、採取したその日のうちに雷塚小学校に運ばれ、ひょうたん池の中に入れられた。水深は、予定通り20㎝以下になるように調整した。水草の発芽しやすさを考えれば浅いほうがいいし、子どもたちにとっても安全だ。その後、池に水が入れられ、キンギョ以外の魚が戻された。

それから2か月経った9月、井内校長が経過報告のメールをくれた。写真が14枚も添付されている。そこ

写真4-9　ひょうたん池ビオトープ（写真、井内校長提供）

には、発芽した水草が写っていた。写真で同定できるものが3種類。

まずはコナギ。

もう1種がオモダカ。これも水田雑草だが、東京では減っている。

最後がシャジクモ。これはたっちゃん池でも発芽したもので、環境省レッドリストで絶滅危惧II類に選定されている希少植物だ。井内校長のメールによると、ひょうたん池にはすでにトンボやハチがたくさん飛来しているそうだ。苦労して運んだあの土が、たくさんの命を含んだ素晴らしい土であることを実感する。

そして2020年。ビオトープ化したひょうたん池は、雷塚小学校の風景にすっかり馴染《なじ》んだ（写真4－9）。子どもたちは、体育の授業の前にはビオトープに寄ってから校庭に出るのが慣例になっているという。池を飛び越えようとして落っこちる子が定期的にいるそうだが、それも子どもたちにとって池が身近にあることの証拠だ。今回の事業が子どもたちの自然体験を少しでも増やすことにつながっているなら、本当にうれしい。

今後は、周辺地域へのビオトープの普及も進めていきたい。ビオトープは、それ一つでも有用なものだが、２か所３か所と数が増えて連続性ができると、地域全体の生物多様性の質が上がっていく。これをビオトープ・ネットワークという。

雷塚小学校にビオトープがつくられたことをきっかけに、周辺の小中学校、企業の敷地、個人の庭先などにもネットワークが広がっていくよう、引き続き活動していきたいと思っている。

カルガモが全滅する池

本章三つめの舞台は、やや都市部の公園にあるコンクリートの池。約３０００㎡と、田無神社や雷塚小学校の池よりもだいぶ大きい。人工的だが、修景池として人々に癒しを与える存在だ。

ＪＲ中央線と武蔵野線が交差する西国分寺《にしこくぶんじ》駅、そこから南東に10分ほど歩いたところに僕たちが管理する都立公園、武蔵国分寺公園がある。旧国鉄時代の中央鉄道学園の跡地を利用して作られた公園で、ＳＬの動輪をモチーフにした記念碑が建てられている。

ここにある「武蔵の池」が、件《くだん》のコンクリート池（写真４－10）。ほかの川などとは一切つ

写真4-10　コンクリートづくりの武蔵の池

ながっておらず、雨が降ってオーバーフローした水は下水に入るという、これといって自然的要素はない池だ。しかし、誰かが勝手に放流したモツゴやタモロコなどの魚が泳いでいる。

この池の主役はカルガモだ。毎年、カルガモが卵を産み育てていて、かわいい雛《ひな》たちが来園者を喜ばせている。しかし残念ながら、無事に雛が巣立ったことはない。毎回、1羽も残らずに全滅してしまうのだ。なんとも哀れだが、それには原因がある。

一つめは、池がカルガモの引っ越しを邪魔する構造になっていること。カルガモの親子は、子育ての途中で必ず1度は引っ越しをする習性がある。田舎なら何てことはないのだが、都会だと道路の真ん中をよちよち歩いて移動するということになりかねない。情報番組でよく見る、親ガモが雛をたくさん引き連れて歩くシーンは、この引っ越しの風景だ。しかし、武蔵の池は四方をコンクリート壁で囲われた池なので、飛べないカルガモの雛は池から出ることができない。

二つめの原因は、雛たちの隠れ場所がないことだ。カルガモの雛は飛ぶことができないし、反撃する武器も持っていないので、他の生物にとっては魅力的な餌である。草が生えないコンクリート池では、雛は丸見えで、狙い放題なのである。それも自然の摂理だと思う一方で、さすがに毎年全滅は哀れすぎるとも思う。どうしたものか。

コンクリート池をビオトープ化せよ

2015年の8月、耳寄りな情報が届いた。

東京都が、武蔵の池の壊れた水循環ポンプを修理してくれるという。それに合わせて、公園側では池の水を抜いて、溜《た》まった落ち葉や泥を除去する大規模な清掃を行うそうだ。

「これはチャンスだ」

話を聞くなりそう思った。この大規模清掃の水抜きに便乗して、カルガモが全滅しないように手を加えてやろう。この公園の環境保全を担当している同僚の金本敦志さんと僕で相談し、まずは隠れ場所となる植物の茂みを作ることにした。

池の中には、コンクリート製の背の高いプランターのようなものが21個、まばらに置かれていて、そこにだけヨシなどの湿性植物が生えている。親ガモはここで産卵しているのだが、隠れ場所としては狭いし、池の水位が下がったときには水面との高低差が大きくなりすぎて雛は登ることができない。これを集めてくっつけることで陸地を作れば、そこそこの面積の隠れ場所ができそうだ。さらにそのまわりに石を積んでスロープ状にすれば、雛も上り下りができるようになるだろう。

しかし、それだけではちょっともの足りない。どうせなら、池にもっと水草を増やそうではないか。池底がコンクリートなので水草を植えることはできないが、草が生えた園芸用のプランターなどを池にたくさん沈めてやれば、植物の量は増やすことができるだろう。もちろん、使うのは在来の植物だ。

せっかくなら、カルガモだけではなく、トンボやその他の生き物たちも立ち寄ってくれるようなビオトープにしようじゃないか。僕らにとって、こんなふうに夢を膨らませていくのは何より楽しい。俄然《がぜん》やる気が出てくる。

在来の水草を生やすなら、埋土種子を含む土がほしい。土の入手先としては、距離的に近い都立野川《のがわ》公園が良かろうという結論に至った。ここは、かつては湿地帯だった場所だ。

それから、いま現在池にいる生き物たちもなんとかしなければならない。外来種が混ざっているかもしれないし、いっそのことかいぼりイベントにして地域の皆さんに興味を持ってもらうきっかけにしようということになった。

題して「生きもの調べ＆レスキュー大作戦！」。実施は15年12月13日と決まった。

主な準備としては、生き物の捕獲と飼育で使う道具類、そしてプランターと土。落ち葉や泥の掃除は、公園の維持管理担当に任せればＯＫ。あとは一般参加者を募ったり、案内を出したりといったイベントの準備。中でも重要で肉体的に大変なのはプランターに入れる土の確保であるが、これについてはかいぼりが終わってから行うことにした。

しかし、一つ問題が発生した。僕は気合十分、やる気満々でいたのだが、なんと別の都立公園のイベントと実施日が重なってしまった。立場上、そのイベントに出なくてはならず、泣く泣く金本さんにすべてを任せることとなった（写真4－11）。よって、これから紹介する当日の様子は、彼からの伝聞によるものだ。

写真4-11　指揮を執る金本さん

あいにく天気が悪く、一般参加者は16名しか集まらなかったが、公園スタッフや協力団体である認定ＮＰＯ法人 生態工房のメンバーとともに、楽しみながら生き物を捕獲していった（写真4－12）。

生き物としては、とにかくモツゴが多かった。最終的な捕獲数は1000匹超。タモロコも200匹を超えた。驚いたのはナマズ3匹とニゴイ1匹。コンクリートの池にこんな魚までいるとは！

実は2か月半ほど前には、コリドラスという熱帯魚が1匹捕れたこともあった（写真4－13）。独立した池なので周辺に広がってしまう可能性は低いが、だからといって外部から勝手に生き物を持ち込んで放流することは問題だ。

ほかにもギンブナ、メダカ、コイ、キンギョ、オオヤマトンボのヤゴ、シオカラトンボのヤゴ、ヒメゲンゴロウなどが捕獲できた。

外来種は駆除し、在来種は子ども用のビニールプールで掃除が終わるまで飼育する。生物の捕獲は、こうして無事に終了した。

次はいよいよビオトープ化の作業だ。寄せ集めて陸地にしようと思っていたコンクリート製のプランターは、池底に固定されていて動かすことができないことが判明した（写真4－14）。そこで、作戦を変更。全部で21個ある中から3個のプランターを選び、そこを中心として溶岩石を積むことにした。陸地部分がやや狭くなるが仕方がない。こうして、池の中に雛が上り下りできる陸地が3か所完成した（写真4－15）。

さて、かいぼりの実施から3か月半後。池に溜まっていた泥のすべてを除去するには至らなかったが、おおむね掃除は終了。水を循環させるポンプの修理も完了し、池には水が戻って、滝が復活した。

ここからは、土の出番だ。野川公園にある2か所の池から採取することに決めたが、その

写真4-12　僕が参加できなかった武蔵の池のかいぼり。橋の下のトンネルが捕りやすいポイント

写真4-13　2か月半前に捕れたコリドラス

写真4-14　コンクリート製のプランターのようなもの

写真4-15　溶岩石を積んでつくった島状の陸地

うちの1か所「あか池」は、嘘か本当か、戦時中に落ちた爆弾によって地面がえぐられてできた池だという。公園内にあるものの、フェンスで囲われて一般の人は入れないようになっている。樹林に覆われた薄暗い場所にあり、国分寺崖線《がいせん》からの湧き水が流れ込んでいる。今では池というより、水たまりというほうがしっくり来る小さな水域だ。

数十年の間に、土砂が流れ込んで埋まってきているようだ。そのため、土の採取をすることで池を掘り広げ、水深に変化をつけ、近隣に生息しているニホンアカガエルの産卵池として機能するように改良することも織り込んだ。僕たちが行う自然環境保全の作業は、こうやって一石二鳥にも三鳥にもなるように複数の計画を絡めていく。

写真4-16　ナガエミクリの花

土を採取する作業は、かいぼりから3か月ほど経った16年3月下旬に実施された。金本さんを中心とした4名のスタッフによる作業だ。表層はここ数年で積もった土である可能性が高く、あまり面白い植物の種は含まれていないと思われた。

狙うのは30～50年前あるいはもっと前の時代の種が含まれる地層なので、ある程度深く掘る必要がある。ただ、深く掘りすぎて粘土層を突き破ってしまうと、表層水がその穴からすべて地中に流れ落ちてしまい、地表が乾燥し

写真4-17　武蔵の池で生まれたカルガモの雛たち

てしまう恐れがある。そうならないよう見極めながら、慎重に掘り進める。こうして、ロマンの詰まった土をゲットすることができた。

この土は、作った島の中心部にあるコンクリートプランターに入れられた。ここでようやく、飼育していた在来種たちは池に放流され一段落となった。

それから3か月ほど経った6月、水草が発芽し始めた。コウガイゼキショウ、アキノウナギツカミ、オオイヌタデ、ツリフネソウなどの湿生植物だ。これらが伸びれば、きっとこんもりとした草の茂みになるはず。

そして特筆すべきはナガエミクリの発芽。丸く独特の花を咲かせた後、イガグリのような実をつける湿性植物で、東京都でも環境省でも準絶滅危惧に選定されている希少種である（写真4－16）。

あとはもっとも大きな目標だった、カルガモの繁殖だ。15年まで1度も成功していないが、果たして16年はどうか。

カルガモの夫婦は、今回新たに作った島の上で5月に卵を産み、雛が孵《かえ》った。心配で落ち着かない日々を送ること3か月、8月上旬になって1羽の雛が無事に立派な若者へと成長した。僕たちがこの公園の管理を始めてから6年目にして、初めてのカルガモの繁殖成功だ。コンクリートの池だって、やればできるんだ！　公園に遊びに来るお客さんから、喜びの声をいただく。やっぱりカルガモは、地域のアイドルだとあらためて実感する（写真4－17）。

その後も、17～19年にかけて水草を増やすための土の移植作業を2回行った。その甲斐《かい》もあって、17年と18年に1羽ずつ、19年には3羽のカルガモの雛が巣立った。

コンクリート池に自然な岸辺をつくれ

15～16年にかけての大規模清掃（に便乗したかいぼりとビオトープ化作業）では、とりあえず狙っていた成果をひととおり出すことができた。しかし、カルガモがコンクリートの壁を登れず引っ越しできない、という件に関しては、まだ解決していなかった。現状では、公園のスタッフが板で作ったスロープで上っている状況だ。

相手は野生動物なので、こんなふうに手を貸してやらないと命をつなげられないというのは、望ましい形ではない。

だが、諦《あきら》めなければなんとかなるものだ。19年の夏、再びチャンスが巡ってきた。このとき、武蔵の池の水は濃い緑色になっていた。15年の大規模清掃から4年が経過し、また汚れが蓄積してしまったのだろう。折しも東京オリンピックを来年に控えており、公園に遊びに来る来園者からも「水が汚いけどなんとかならないの？」という声が頻繁に届くようになっていた。

これを受けて、公園所長から「聖火ランナーが通るかもしれない場所なのに、こんなに汚くては恥ずかしい。しっかりきれいにしたい」という話があった。またしても清掃に便乗してかいぼりをやりつつ、カルガモのために自然な岸辺をつくることにした。

武蔵の池での2回めのかいぼりは、20年12月16日から行われた。新型コロナウィルスの世界的な流行により、この年に開催されるはずだった東京オリンピックは翌年に延期が発表されていた。15年のときと同じように、池の水を抜いて在来種の捕獲・保護を行うのだが、コロナ流行下では一般参加者を集めてのイベント開催は難しく、スタッフだけでの作業となった。

水抜きと岸辺の造成は、その道のプロである株式会社丸三興業にお願いした（写真4－18）。テレビ番組「池の水ぜんぶ抜く大作戦」や「坂上どうぶつ王国」でずっと一緒に仕事をしてきたパートナーなので、心強さが半端ではない。こちらは安心して生物捕獲に集中することができる。今回は他公園のイベントと重なることもなく、僕も無事に参加することができた。

胴長を履いて池に入ると、なんだか普段のかいぼりよりも体が軽いような気がする。武蔵の池は全面コンクリートなので、他の池と比べて非常に歩きやすい。泥も多少はあるものの、多くは落ち葉が細かくなったものがゆるく堆積《たいせき》しているだけで、それほど歩くときの抵抗にはならない。

ただ、コンクリート池は単純なだだっ広い空間なので、網でガサガサする場所がなく、捕獲がやりにくい。壁際に追い詰めたり、複数人で挟み撃ちしたりしながら捕獲する。一番の狙い所は、池の中にかかった橋の下にある3本のトンネル。ここにかなりの数の魚が溜まっていた。

写真4-18　丸三興業のリーダー、亀田英男さん（写真、亀田さん提供）

しばらく魚を追いかけ回してそこそこの数を捕獲したころ、何気なく露出している泥に目をやると、うっすらとなにかの這《は》い跡のようなものがあることに気づいた。じっくりそれをたどっていくと、その先端に

写真4-19　ミシシッピニオイガメ

大きさ1㎝に満たないぐらいの物体がある。ヤゴだ。池の水が抜けて泥の上に取り残されたヤゴたちが、水のあるところに移動しようと這い回っているのだった。
まわりを見ると、この這い跡が何本も見つかる。そしてそれをたどると、必ずと言っていいほどヤゴが採れる。これがすごく楽しくて、魚そっちのけでヤゴを探した。ほとんどはシオカラトンボのヤゴだ。1時間で30匹は採っただろうか。
約5時間で、この日の作業は完了した。捕獲された生物は、魚については前回とほぼ同じ。孤立している池だから、誰かが変な生き物を放さない限り変化があろうはずはない。
一方で、前回は採れなかった外来種のカメが2匹。1匹はクサガメで、もう1匹はミシシッピニオイガメだった。ミシシッピニオイガメは、アメリカ東部から南部にかけて広く分布するカメで、大きさは8〜14㎝と小型だ。ペットとしての流通量が多く、日本にもたくさん輸入されている。飼いきれなくなって捨てたのだろう

（写真4－19）。

カメは、種類によってはカルガモの脅威になりうる。今回はいなかったが、いま日本で最も生息数が多いとされるアカミミガメは、カルガモの雛を捕食することがわかっている。ペ

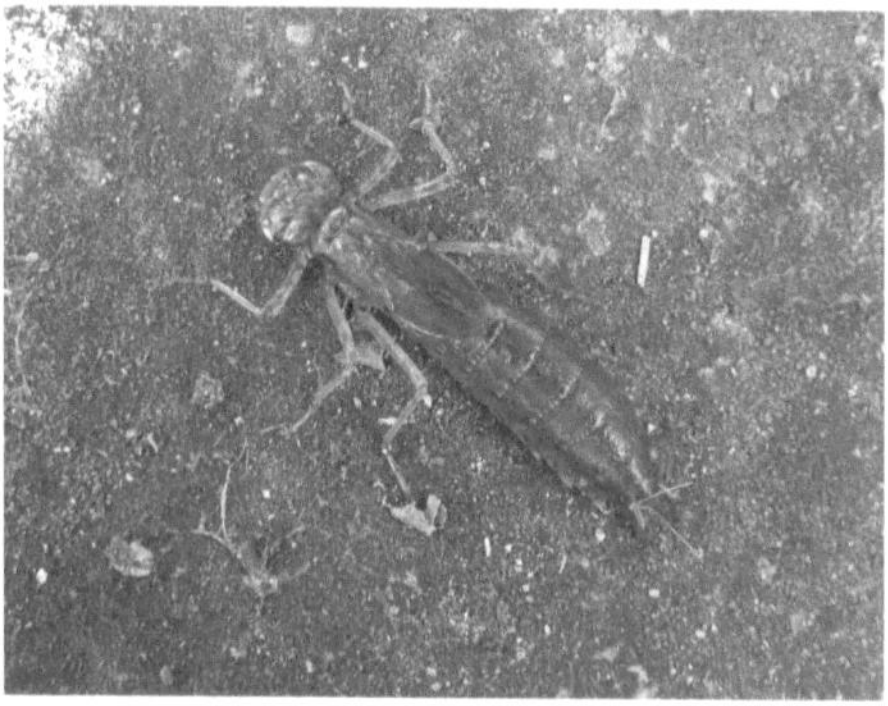
写真4-20　ギンヤンマのヤゴ

写真4-21　造成したスロープ。草が生い茂れば完成となる

ットの遺棄や密放流について、周知を行っていく必要がありそうだ。

　ヤゴの種類は5種類に増えていた。前回はオオヤマトンボとシオカラトンボの2種類だったが、今回はアオモンイトトンボ、ギンヤンマ、コシアキトンボのヤゴが加わった。これはうれしい。前回行った水草を増やす取り組み、その成果がカルガモの繁殖だけでなく、トンボ類にもプラスの効果をもたらしたことが証明された（写真4－20）。


　今回の目玉の取り組みであるスロープ造成は、丸三興業の力で順調に進み、陸地と池の水面とをカルガモが自力で行き来できるスロープができあがった（写真4－21）。

　２０２１年の春、またカルガモの夫婦がやってきた。それも過去最多の3組。彼らは、溶岩石で作った島や池まわりの草地に産卵した。孵《ふ》化《か》した雛たちは水草に身を隠したり、新設したスロープを利用して池の内外を自由に行き来したりしながら成長した。

　ペア数が多すぎたことでカルガモ同士による子殺しが起き、雛の数はこれまでとは違う理由で減ってしまったのだが、それでも4羽のカルガモが巣立った。6年前と比べて、カルガモにとってはかなり魅力的な池になったと言えるのではないか。

　安定したカルガモ子育てスポットとして、ビオトープ池として、武蔵の池は、今後ますます地域に愛される池になっていくことだろう。

第五章

希少種を守り増やせ

本章では、身近な生き物を保全している例として、水辺のトウキョウサンショウウオ、草地のバッタ、菖蒲園《しょうぶえん》のトウキョウダルマガエルの三つを紹介する。いずれも、環境の悪化によって数が減っている希少種たち。どうやって命をつないでいるのか、知ってほしい。

日本にサンショウウオは何種類?

「サンショウウオ」と聞いて、あなたの脳裏には何が浮かぶだろうか。もっとも多いのは「あの大きいやつね」という反応。オオサンショウウオだ。日本では、「サンショウウオって、オオサンショウウオのことよね」という認識が多数派のようだ。

オオサンショウウオは日本の固有種。しかも世界最大の両生類という肩書きを持っていて、最大150cmほどにもなる。その姿形や存在感は素晴らしく、僕もその生息地に引っ越したいと思うぐらい好きだ。日本を代表する野生動物の一つだと言えるだろう。

実は日本には、サンショウウオと名のつく生物が46種類もいる。オオサンショウウオはその一つ。残りの45種類は、大きさ7~19cmの小型サンショウウオだ。せっかくなので、少し説明しておきたい。

両生類というのは、皮膚がヌメヌメしていて背骨がある生物で、大きく三つのグループに分けられる。

①しっぽがないグループ（カエル類）
②しっぽがあるグループ（サンショウウオ、イモリ類）
③脚がないグループ（アシナシイモリ類）

サンショウウオは②のしっぽがある仲間で「有尾類」と呼ばれている。この有尾類、2021年現在、世界中に757種いる。その中のグループの一つ「サンショウウオ科」には少なくとも82種が知られているが、そのうちの45種が日本産で、うち44種が日本の固有種。日本は、サンショウウオ王国だ。

日本にサンショウウオが何種類もいると言っても、実際に野外で出会った経験を持つ人は少ない。それは、サンショウウオが人の近づけない深山幽谷に棲《す》んでいるからではない（そういう種類もいるが）。夜行性だったり、森の落ち葉の下に隠れたりしていて、見つけることができないだけだ。実は人間のすぐ近くに棲んでいる。その代表格がトウキョウサンショウウオだ（写真5－1）。

現在の東京都あきる野市で採集されたので、「東京」の名がついたトウキョウサンショウ

写真5-1　トウキョウサンショウウオ（おとな）

ウオ。世界中でも日本の関東地方周辺だけ（群馬県を除く関東1都5県と福島県の一部）にしか生息していない。

両生類はその名のとおり、陸と水辺の両方を利用して生きる動物だ。トウキョウサンショウウオは、普段は森の落ち葉の下で小さな虫などを食べて暮らしているが、3月ごろになると繁殖のために水辺に集まってくる。湧き水でできた水たまりや沢のよどみなど、流れのない水の中で産卵する。卵、そして孵化《ふか》したオタマジャクシのような幼生の期間は水の中で過ごし、成長すると陸に上がる。

愛嬌《あいきょう》のある顔を眺めたり、ぷるぷるの卵のうの感触を確かめたりするのは、僕にとって早春の楽しみの一つであり、風物詩だ（写真5－2）。

そんな身近なトウキョウサンショウウオだが、近年は数が急激に減り、レッドデータブックに掲載される絶滅危惧種《きぐしゅ》となってしまった。原因は三つあるが、いずれも解決が難しいものばかりだ。

第一に、宅地開発や道路建設などによってトウキョウサンショウウオの生息地そのものがなくなってしまったこと。高度経済成長期以降、サンショウウオたちの棲む場所は急激に減

写真5-2　トウキョウサンショウウオの卵のう。バナナ状の膜の袋の中に何十粒もの卵が入っている

写真5-3　アライグマ

ってきた。そして現在、破壊のスピードはゆるくなっているものの、終わってはいない。

第二に、里山の手入れがされなくなったため、成体（おとなのサンショウウオ）の生活場となる雑木林や産卵場所となる水場が荒れてしまったこと。さらに最近ではゲリラ豪雨によって斜面の土砂が流され、水場が埋まってしまうことが頻発している。これだと、サンショウウオは卵を産むことができなくなってしまう。

第三に、外来種によって食べられてしまうこと。その外来種というのは、北米〜中米原産のアライグマだ。これがまた、サンショウウオたちにとっては最凶とも言える天敵なのだ（写真5－3）。

かわゆき死神

アライグマは、1970年代後半にアニメ「あらいぐまラスカル」の影響で飼育ブームとなった。愛嬌のある顔にしましま模様のしっぽ。食べ物を洗うような行動もかわいらしい。ペットとして人気が出るのもよくわかる。

だが、ペットに向いている動物と向いていない動物というのはある。ペットに向いているのは、人間が長い期間かけて品種改良し、飼育できるようにしてきた動物だ。犬や猫、豚や鶏などの家畜・家禽《かきん》がこれにあたる。

　ペットに向いていないのは、野生動物だ。一見かわいくて、赤ちゃんのころは懐いたとしても、成長すれば手に負えなくなるのが常だ。そしてアライグマは、アメリカ大陸の大自然の中で暮らしている、れっきとした野生動物だ。日本にペット用に持ち込まれたものの、気性が荒くなって飼いきれなくなり、アライグマたちは野外に捨てられた。

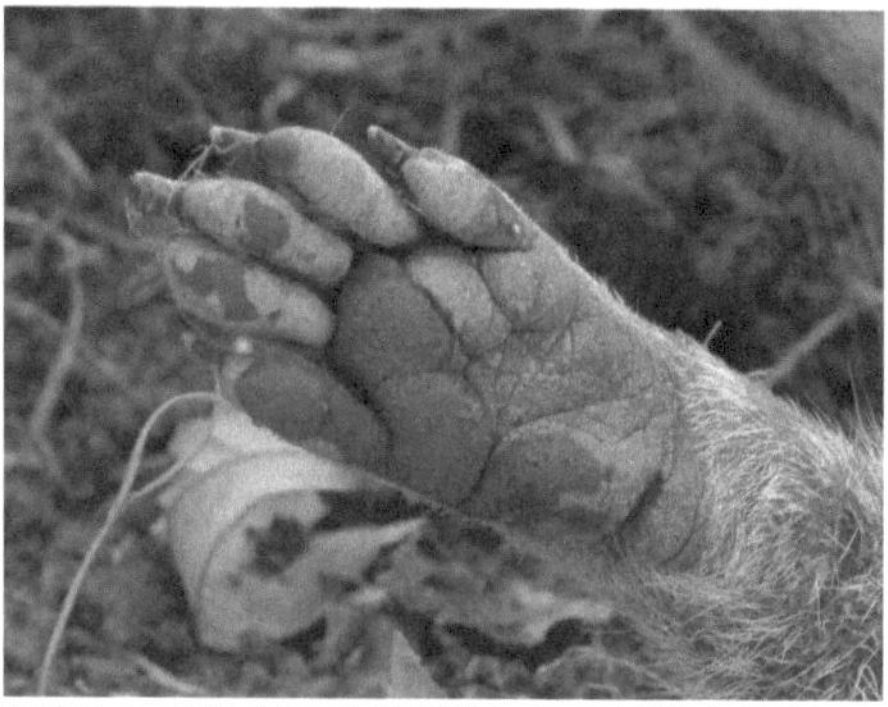

写真5-4　アライグマの手（前肢）。しっかりとした指がある

　このアライグマ、手がすごく器用だ。タヌキとやや似た風貌《ふうぼう》をしているが、手の構造はまったく違う。タヌキはイヌ科なので、肉球がある犬そっくりの手だが、アライグマの手はまるで人間のような形をしていて、物を掴《つか》むことができる（写真5－4）。しかも賢くて学習能力が高い。そのため、飼育ケージを開けての脱走が相次いだ。

　こうして日本の自然の中に放たれたアライグマたちは野生化して繁殖し、日本中に広がっていった。

　その結果、さまざまな問題が起こった。アライグマは雑食なので、農作物や養魚場の魚などを食べる。お寺や神社など歴史的、文化的に重要な建物に入り込んで傷める。狂犬病やアライグマ回虫などの危険な病原体を保有している可能性もある。性質が荒く、牙《きば》が鋭いため、嚙《か》み付かれれば大怪我を負う危険性がある。そして、日本の野生動物に悪影響を及ぼす。その被害を受けた生き物の一つが、トウキョウサンショウウオだ。

アライグマは水辺が大好き。水の中に前脚を突っ込んで獲物を探し、何でも食べてしまう。トウキョウサンショウウオは爪も牙も持たず、毒もない。動きもゆっくりで、狙われたら何の抵抗もできない。

一つ不思議なのは、食べ残すこと。アライグマはサンショウウオやカエルの一部だけをかじって、残りをポイッと捨ててしまうことがある。なぜそんなことをするのかわからないが、殺しておいて全部食べないというのは、もったいない感じがしてちょっと腹が立つ。また、最近の観察では、アライグマがトウキョウサンショウウオの卵を食べることもわかってきた。

開発で棲み場所を追われ、人間社会の変化や気候変動で産卵場所が減る中、そこに追い打ちをかけるアライグマは、トウキョウサンショウウオにとって死神とも言える存在ではないだろうか。ただし、そのアライグマも人間にもてあそばれた被害者であることは忘れてはならない。

アライグマは、生じる悪影響の大きさから、環境省によって「特定外来生物」に指定され

写真5-5　産卵に使われる水場。手入れ前（左）と手入れ後（右）

ている。

サンショウウオの産卵場をつくれ

トウキョウサンショウウオに迫る三つの危機、これをなんとかしなければ彼らはいずれ絶滅してしまう。幸い、僕たちが管理する都立公園の中に限って言えば、住宅地や道路が作られることはまずないので、開発による生息地破壊の心配はない。

考えた対策は二つある。「産卵場をつくること」と「共食いを止めること」だ。

まず産卵場だが、既存の産卵水域にスコップを入れて、溜《た》まった落ち葉や泥を掻《か》き出す。あるいは湿地を掘って新たに産卵場所をつくる。3月ごろに繁殖行動が始まるため、冬のうちにやっておく必要がある。きちんと泥かきした水場は夏の間にも干上がりにくく、孵《ふ》化《か》した幼生（サンショウウオのオタマジャクシ的な状態）も暮らしやすくなる（写真5－5）。

トウキョウサンショウウオは、卵が孵化して成長し、陸に上がるまでの間に94％以上が死んでしまうと言われている。天敵に捕食されることもあるが、実は幼生同士が共食いすることも原因だ（写真5－6）。共食いすると、成長が一気に速まることもわかっている。

写真5-6　トウキョウサンショウウオの共食い。エサを与えていても時々は起きる

写真5-7　飼育の様子

おそらく共食いは、トウキョウサンショウウオが生き残るための戦略だ。小さいうちは敵が多く、捕食されて命を落としやすい。そのため共食いすることで早く大きくなり、一定数は生き残るという手段をとっているのだろう。

確かに有効な作戦だと思う。ただ、トウキョウサンショウウオがたくさんいた時代であれば、である。生息地も個体数も極めて少なくなってしまった今、共食いによってさらに数が減ってしまうのはもったいない。

僕の前任者は、ここに注目した。野外の産卵場所から卵をとってきて水槽の中で孵化させ、十分な量の餌を与えることで共食いさせないようにしようという作戦を立てた。

２００９年から始まったこの飼育による増殖、僕も途中から引き継いで3年ほどやったのだが、14年までの6年間で２８０５匹の幼生を放流することができた。野外での個体数の増加につながっていればいいのだが（写真５－７）。

卵を数える

さて、このような対策を経て、トウキョウサンショウウオは増えたのか減ったのか。僕たちは、トウキョウサンショウウオの卵のうの数を数える調査を毎年行っている。

１匹のメスは、バナナ型の卵のうを2個（１対）産む。だから卵のうの数を数えれば、メ

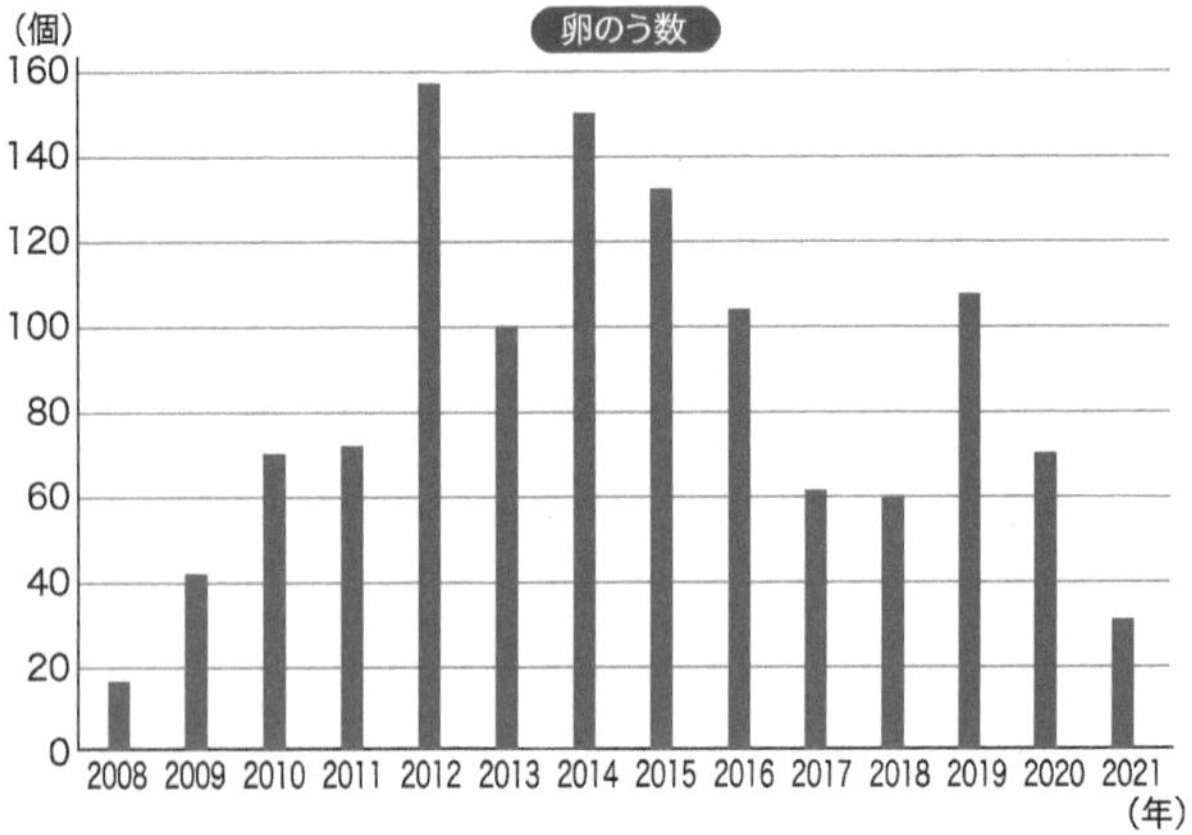

図5-1　某都立公園におけるトウキョウサンショウウオの卵のう数の推移

スの個体数がわかる。また、トウキョウサンショウウオの性比はオス：メスが３：２であることが過去の研究でわかっているので、おおよその全体の個体数も見えてくる。

調査の結果をグラフで示した（図５－１）。07年には17個（８・５対）しかなかった卵のうが、しばらくは右肩上がりで増加し、１５０個超まで増えていることがわかる。だがそれ以降は、年によって変動しながらも下降傾向に見える。

できれば順調に増えて、高い数値で安定してほしいのだが、簡単にはいかないようだ。これを実現するためには、もう一つの重要な保全対策、アライグマ対策を進めなければならないと考えている。

アライグマ対策としてやることは二つ。まず簡単にできることは、アライグマが捕食しづらい状況を作り出すこと。各地で行われている事例を見ていると、産卵場の水面に板を浮かべるのが効果的なようだ。シェルターとなって、その下にいるサンショウウオや卵のうが守られる、シンプルな対策だ。

もっと根本的な解決策としては、アライグマを捕獲することだ。ただ、これがなかなか難しい。特別な許可が必要だし、捕獲も簡単ではない。大きめのカゴ罠《わな》を設置し、餌を入れて捕まえるのだが、これを毎日見回る必要がある。タヌキなどの在来種が間違ってかかってしまった場合、なるべく早く放してやる必要があるからである。

うまくアライグマが捕獲できたとしても、最大の難関が待っている。それは殺処分だ。外来種とはいえ、苦痛を与える方法での殺処分はやってはいけない。動物愛護管理法という法律で決められている。

現在は、行政が試験的に行う捕獲・駆除に少し協力する、というぐらいのことしかできていない。今後、捕獲・駆除を行う体制をしっかりと確立して、トウキョウサンショウウオが安心して暮らせる場所を増やしていくつもりである。

荒れ地を放置せよ

ここまで紹介してきた湿地や池といった水辺環境は、その重要性や危機が叫ばれ、ラムサール条約のような国際的な取り決めなどでも維持・保全しようとする動きがある。

一方、意外と知られていないのが草地。開発にさらされやすく、次々と消滅している。僕はこの草地の生き物に、とても興味がある。

僕が都立公園の管理に参加した12年ごろ、狭山公園の一部は荒れ地になっていた（写真5―8）。地面は石混じりの硬い土。数年前まで、近隣の土木工事の資材置き場になっていたらしい。

まあどこにでもあるような面白みのない場所だったので、最初のうちは気に留めることもなかったのだが、ある日、荒れ地の中にススキが生えていることに気がついた。ススキは稲のような細い葉が束になって株状に生える草で、やや乾いた土地を好む。お月見のときに穂を飾ったことがある人もいるだろう。秋の七草でもあり、日本人には馴染《なじ》み深い植物だ。

あとで詳しく説明するが、多くの野生生物のよりどころとなっているという点で、ススキは僕が特別視している草の一つだ。荒れ地に生えたススキ、これを増やせたら面白いなあ。

そこでちょっとひらめいた。

「そうだ、とりあえず草刈りをやめてみたらどうだろうか」

日本は湿潤で温暖、放っておけば草が生える土地だ。そのせいで、毎年毎年草を刈り続けなければいけないない大変さはあるのだが、自然を回復させようというときにはとても助かる。

しばらく草刈りをやめて放置しておけば、ススキがたくさん生えてくるのではなかろうか？
ただ、公園という場所は基本的には定期的に草刈りが行われるところだ。草ボーボーでは、景観が悪くなるし歩きづらくもなる。利用者の目線で考えれば、草刈りは必要だ。

そこで、所長に相談をしてみた。すると、

「確かに公園での草刈りは欠かせないもの。しかしそれは園路や広場での話であって、人が利用しない場所では一時的に中断しても問題はないでしょう」

とのこと。話がわかる。

こうして荒れ地は放置されることとなった。1か月、2か月と時間が経ち、草がなかなかの勢いで伸びてゆく。来園者から苦情が来ることはなかった。なぜなら所長の指示のもと、維持管理部門の担当者が園路と接する縁の部分だけはきれいに整えてくれていたからだ。

4か月後、荒れ地は「草地」へと変貌を遂げた。いろいろな種類の草があるが、もっとも多いのはス

写真5-8　狭山公園の荒れ地。かつてはガレキ広場と呼ばれていた

スキ。たった4か月で、およそ2000㎡のススキ原ができあがった。思った以上の成果だった（写真5－9）。

写真5-9　狭山公園のススキ原

草地の危機

僕が子どもだった1980年代、実家の近くにもススキの原っぱがあった。ススキは束になって株状に生え、株と株の間には人が通れるぐらいの空間が自然とできる。同じ草地でも、背の高い草が生えるオギ原や、ツルが絡むクズの草地などは、隙間なく草が生えるので遊ぶどころか人が踏み込むことすらできない藪《やぶ》になってしまう。ススキの原っぱは、子どもにとっては格好の遊び場だ。

実家近くのススキ原は雑木林と畑に挟まれていて、トンボやバッタ、カマキリなどが採れるポイントだった。どこからか木材や段ボールを集めてきて秘密基地を作ったこともある。1度、ヘビが出て子どもグループが騒然となったことも良い思い出だ。

このススキ原、いまは住宅地になってしまって跡形もない。自分のお気に入りの場所が開発され、なくなっていってしまう悲しさ、そこに棲んでいた生物たちが追い立てられ死んでしまうことへのやりきれない怒り、これが、いま僕が環境保全をすることの原動力になっている。

消えてしまったススキ原が僕の思い出の場所だけだったなら、それはただの感傷で、個人的な体験で済む話だ。しかし実は草地の消滅は全国で、それも猛烈なスピードで進んだことがわかっている。京都精華大学の小椋純一《おぐらじゅんいち》教授が様々な資料を集めて書いた『日本の草地面積の変遷』がそれに詳しい。

これによると、２０１５年の草地の面積は約37万ヘクタールとなっており、現代日本において、草地は国土（３７８０万ヘクタール）の１％未満しかないことがわかる。65年ほどさかのぼった１９５０（昭和25）年ごろは、全国で２００万ヘクタール以上と記録されており、高度経済成長期（１９５５〜72年ごろ）に5分の1ほどに草地が縮小してしまったことがうかがえる。

また小椋教授は、１８８４（明治17）年には１３２０万ヘクタールが草地だった可能性があると書いている。１３２０万ヘクタールという数字が仮に正しかったとすると、面積は今の約35倍、国土の3分の1以上が草地（原野）だったということになる！　当時の日本には、見渡す限りの草地があちこちに広がっていたのだろうか。タイムマシンがあったなら、見に行ってみたい風景の一つである。

草地が35分の1にも縮小する中で、多くの生物が数を減らし、姿を消していった。なぜなら、草地の生物は草地にしか棲めないためだ。

たとえばオオルリシジミというチョウがいるが、このチョウの幼虫はクララという草しか食べることができない。そのクララは、太陽の光がさんさんと降り注ぐ明るい草地にしか生えない。草地が減った今、かつて東北から九州まで分布していたオオルリシジミは、長野県と九州の一部にほそぼそと生き残るのみとなってしまっている。

こんなふうに、現在では草地に生息する多くの生物が絶滅を危惧される状態だ。阿蘇《あそ》のように特別に残っている大規模な草原や、各地に小さく残る草地でなんとか命をつないでいる。

草地に宿る絶滅危惧種たち

さて、話を現代に戻そう。狭山公園の一部で草刈りをやめることにより、僕は0・2ヘクタールの草地をつくり出すことに成功した。急にスケールが小さくなった感じがするが、草地が減り続ける日本において、しかも東京という都市部においては、なかなか有意義なことと言えるのではないだろうか。

「どうせなら、ここをバッタだらけの草地にしよう」

そう考えた。なぜバッタ（キリギリス類、コオロギ類を含む）かというと、子どもたちの絶好の遊び相手だから。そして彼らが、草地の「ものさし」だからだ。

我々人間は健康診断を受け、出てきた数値から健康状態を把握するが、草地の場合にはバッタの種類や個体数を調べることで状態の善し悪しがわかる。バッタが持つこういう性質を「環境指標性」という。彼らを見ながら草地づくりを進めていけば、おのずとこの場所の生態系は良くなっていくはずだ。

一歩踏み入ればバッタがぴょんぴょん飛び出す、ここに来ればいろいろなバッタに出会える、子どもたちの心をワクワクさせるような草地を目指したい。

工夫したことは大きく二つある。一つめは、在来のイネ科の草を増やし、それ以外は減らしたこと。多くのバッタはススキのようなイネ科の草を好むので、それらを増やし、セイタカアワダチソウ、コセンダングサ、ヒメジョオンといった外来植物をこまめに駆除した。

成果は1年ほどで現れた。ショウリョウバッタモドキというバッタが、猛烈に増えたのだ（写真5－10）。メジャーなショウリョウバッタによく似ているのでこの名がついている。レッドデータブック東京2013では絶滅危惧Ⅱ類の希少な種類だ。2020年のレッドリスト改訂では普通種扱いになり、希少種ではなくなったが、質の高い草地でなければ見られないことに変わりはない。

工夫の二つめとして、草の高さに変化を持たせることにした。あとで詳しく書くが、バッタは種類によって好む環境が異なる。高さに応じて、違う種類のバッタが棲み着いてくれるはずだ。

人の背丈ぐらいあるススキの場所に加え、ひざ上ぐらいの高さの場所と、足首ぐらいの高さの場所、計3パターンを草地内に設ける。

ひざ上高の草地を構成するのは、チガヤというイネ科の草だ（写真5－11）。とても美しい草で、そのうえいろいろな生き物に大人気。これも僕が特別視している草だ。足首高の草地は、ときどき草刈機で刈り込むことで作った。外から植物を持ち込むことはせず、その場に生えてきた草をコントロールすることで自然の草地を発展させていく方針だ。

面白いことに、草地が変化してくるとまず人が増えた。子どもたちが虫を採り、かくれん

写真5-10　ショウリョウバッタモドキ。ススキの葉にとてもうまく擬態している

ぼをし、秘密基地を作るようになった。僕の子どものころと同じだ。やはりススキ原は子どもにとって良い遊び場所らしい。

さらに、大人の姿もよく見かけるようになった。特に秋、ススキの穂が出てくるとそれを眺めたり写真に撮ったりする人が集まってくる。極めつきは、テレビ局がススキの映像を撮りたいなんて言ってきたりもした。こちらが思う以上に、身近な場所に草地がなくなってしまっていて、多くの人がそれを欲しているということなのかもしれない。

さて、草地の中に「草の高さの多様性」を作り出すと、バッタの種類にも多様性が現れ始めた。ひざ上高の草地にはクビキリギスやホシササキリが出現。足首高の草地にはクルマバッタモドキが増えた。

また前述したとおり草地に人が訪れるようになったことで、踏みつけによって地面が硬くなり、草がとても生えにくい踏み分け道ができてきた。しばらくすると、この道に巨大なバッタが姿を現すようになった。

写真5-11　白い綿毛が美しいチガヤ

トノサマバッタだ。トノサマバッタは、こういう草がほとんど生えていないような場所が好きなのだ。人の訪問が増えたことで、意図せずして4パターン目のバッタ環境が作られた。

バッタのワガママに耳を傾ける

草の高さに変化を持たせることによって、バッタの種類は増えてきた。しかし、まだ僕の目指す「バッタだらけ」には届いていない。バッタの仲間は、バッタ類、キリギリス類、コオロギ類などを含むグループで、日本には400種類以上が生息している。東京都の里山に生息しうる種類はまだまだいるはずだ。この時点で我々が確認していたバッタの種数は、13種ほど。できれば20種はいきたい。

種類が増えないのは、環境の多様性がまだ低いからだ。バッタという生物はとてもワガママで、「条件が揃ってない場所には棲みません」という主義のやつばかりだ。先ほど紹介したトノサマバッタだって、草がボーボーに生えた場所には本当にまったくいない。とにかく裸地がないと嫌なのだ。

ほかにも「こぶし大の石がゴロゴロしてないと困る」と主張するカワラバッタや、「林の縁の藪じゃないとイヤだ」とのたまうクツワムシなど、彼らの好みは非常に多様だ。たくさんの種類のバッタに棲んでほしいなら、そのワガママを一つでも多く叶《かな》えるよう、多様な環境を用意するしかない。

しかし、それは簡単なことではない。僕自身はバッタが好きだが、それを専門に研究してきたというわけではないので、少し行き詰まりを感じ始めていた。

そんな折、バースの折原代表が狭山公園にやってきて言った。

「内田《うちだ》正吉《まさよし》さんと知り合いなんだけど、公園に呼んでアドバイスをもらったらどう？」

突然の話に驚いた。内田正吉さんはバッタの専門家で『減るバッタ増えるバッタ　環境の変化とバッタ相の変遷』などの書籍も執筆されている、有名な方。まさかその内田さんと知り合いとは！　渡りに船とはこのことであろう。

2013年10月、内田さんが狭山公園に来てくださった。素朴な雰囲気で、とても話しやすい。バッタを増やそうと取り組んでいるススキ原をはじめ、公園内のひととおりの草地を一緒に歩きながら見てもらった（写真5－12）。

さすがに専門家の目は鋭い。草地をひと目見ればどんな種類がいるかわかるし、どうすれば種類を増やせるかも大体見えてしまう。いただいたアドバイスの一部を紹介する。

・希少種のクルマバッタを生息させたい場合は、草の丈を5～10㎝程度に刈り込み、芝地を広げていくとよい。

・刈った草をそのままにしておくと、コオロギ類が集まる。しかし新たな草が生えにくくなるため、バッタ類は増えにくくなる。それぞれの場所を用意するとよい。
・子どもの遊び場として広場に草地を作る場合には、最低面積が2～3m四方ぐらいあるとよい。草刈りは梅雨前と8月末ごろに1回ずつが最適である。

具体的でとてもわかりやすい。こうして、「バッタだらけ」を実現するための光明が見えたのだった。

写真5-12　草地でのレクチャー（左が内田正吉さん）

豊かな草地へ

その後、内田さんの助言を活《い》かして様々な草地環境を創出し、バッタの多様性はどんどん高まっていった。また、隣地や宅部池の堰堤《えんてい》も計画地に組み入れて、草地の面積も拡大していった。最初は0・2ヘクタールだったが、全体としては0・7ヘクタールになった。

宅部池の堰堤の草地には、宅部池の水が滲《にじ》み出て湿地状になっている場所がある。その一部に、ヨシという背の高いイネ科の草が生えている。古事記や日本書紀で、日本のことが「豊葦原《とよあしはら》の瑞穂《みずほ》の国」と書き記されているが、この葦《あし》（蘆、芦とも書く）がヨシのことだ。湿地や浅い水辺を占有して一面に生え、多くの魚や鳥たちに休息の場を提供している。日本の水辺を代表する植物の一つで、これも僕が特別視している草だ（写真5－13）。こうした場所も、バッタの種類を増やすうえで大切。ヒメギスやクサキリなど、湿った草地を好むバッタ類も生息するようになった。草地の範囲が広がったことで、環境とバッタの多様性が増してきた。

写真5-13　水辺の重要な草、ヨシ

　こうした中、バッタ以外の生物も目にするようになった。

　一つはホオジロという野鳥。その鳴き方が「一筆啓《いっぴつけい》上《じょう》仕《つかまつ》り候《そうろう》」と聞こえる（あるいはそう聞くことで覚えやすくなる）というのは、生き物好きの間では有名な話だ。ホオジロは草地が好きな鳥で、草地の面積が

写真5-14　草地に生息するホオジロ

写真5-15　ホオジロの巣と卵

増えるとよく見られるようになった（写真5－14）。

ある日、いつものように草地で生物の調査をしていると、藪の中から1羽のホオジロが飛び出してきた。しかしなんだか、様子がおかしい。必死に激しく鳴きながら、変な羽ばたき方をしているのだ。ちょっと異常を感じてしばらく注目していたのだが、そこでハッと気づいた。

写真5-16　カタマメマイマイ。殻の表面にウロコがある、ちょっと変わったカタツムリ

「もしかしてこれは、擬傷行動ではないだろうか？」

擬傷行動は文字のとおり、怪我を負っているふりをする行動のこと。卵や雛《ひな》に敵が近づいたとき、その注意を親にひきつけるために行う。怪我を負っている自分のほうが仕留めやすいですよ、とアピールして、巣から敵を引き離すのだ。ということは、もしかしたらこの近くにホオジロの巣があるのかも。

そこで親が静まるのを待ってから、付近のススキを見回ってみた。そーっとススキの葉をかき分けて、株の中を覗《のぞ》き込んでみる。すると狙い通り。巣が見つかり、そこに四つの卵が産んであった（写真5－15）。

さらにその後、ちょっと珍しいカタツムリが見つかった。その名はカタマメマイマイ（写真5－16）。

カタツムリに詳しい方が来園された折に見つけてくれた。やや乾燥した草原などに生息するらしく、調べてみると環境省レッドリストで絶滅危惧II類の希少種だった。

自分たちが作った草原でホオジロが卵を産んでくれた、カタマメマイマイが棲む場所として選んでくれた、それは野生の生き物が自分たちのことを認めてくれたような気がして、無性にうれしかった。

新たな外来種の侵入

18年1月、狭山公園のススキ原で見つかってほしくない生物が確認された。ムネアカハラビロカマキリだ（写真5－17）。ハラビロカマキリとよく似ているが、その名のとおり胸が赤いこと、体全体が一回り大きいこと、卵の形が少し違うことなどで見分けがつく。原産地などは明らかになっていないが、中国から輸入され、ホームセンターなどで販売されていた竹《たけ》箒《ぼうき》に卵が付着していたことが報告されていて、近年国内に侵入した外来種とされている。

在来のハラビロカマキリとは近い仲間なので、その生態はよく似ている。食べるもの、棲む場所などが競合してしまうのだ。しかもムネアカのほうが体が大きいため、争いになると在来のハラビロは負けてしまうようだ。神奈川県や愛知県では、侵入後数年で在来のハラビロカマキリが姿を消し、すべてムネアカになってしまった事例も確認されている。そんなムネアカが、狭山公園でも見つかってしまった。

最初に見つかったのは卵だった。ススキ原の中にまばらに生えている樹木に産み付けられていた。これを回収し、かごに入れて室内に置くと、孵化も確認された。生きている。夏になると成虫も見つかり、すでに野生下で広がり始めていることがわかってきた。このままではまずい。

写真5-17　ムネアカハラビロカマキリの成虫

そこで二つの対策を行うことにした。一つめは、公園スタッフによるムネアカの回収だ。普段から公園パトロールを行っているレンジャーを中心に、見つけたムネアカは成虫でも卵でもすべて捕獲して回収する。回収したあとは、かわいそうだが殺処分する。
二つめは、仲間を増やすこと。ポスター掲示、チラシ配布、自然観察会の中でお客さんに対して積極的にムネアカの解説をするなどして、現状を知らせ、協力してもらう。次第にそれを見たお客さんがムネアカを捕まえて管理事務所に持ってきてくれるようになっていった。

２０２０年11月までの3年弱の間に、公園スタッフとお客さんの持ち込みを合わせて68匹の成虫、１０５個の卵を発見・回収している。それでも発見数は増え続けており、状況はかなり厳しい。生息範囲も広がっていて、ススキ原以外の場所でも多数見つかっている。現在、狭山丘陵内の他の施設とも連絡を取り合いながら、なんとか在来のハラビロカマキリやバッタたちを守ろうと頭を悩ませている。

狭山公園の荒れ地で草地を作り始めてから、9年が過ぎた。これまで確認されたバッタ目の昆虫は、外来種を除いて25種となった。個体数も増え、僕が思い描いた「バッタだらけ」は、かなりの部分を実現できたように思う。

この間、我が家には二人の娘が産まれた。どちらの子にも、僕が特別視している草であるチガヤとヨシにちなんだ名前をつけた。野原をイメージした名だ。僕にとって草地は、娘の名にしたいほど大切で、大好きなものなのだ。

狭山公園には良い草地ができあがってきた。でも、草地は狭山公園にだけあればいいわけではない。我々が管理するすべての公園にバッタだらけの草地がほしい。日本では減る一方の草地、０・１ヘクタールずつでも増やしていきたい。それを実現するため、いま着々と動いている。

19年2月10日、バッタ専門家の内田正吉さんが亡くなった。まだ50歳代の若さだった。お付き合いした期間は短かったが、著作を読み、直接会って、バッタ類の保全に情熱を注いだ生涯であったことは容易に想像ができた。彼の遺志を継いで草地を増やし、その多様性を高め、「バッタだらけ」の草地を広げ続けていく。そう心に決めている。

絶滅していなかった水草

トウキョウサンショウウオやバッタ類のように、自分が管理している場所で保全を進めることもあれば、他所様《よそさま》の土地のことに口出しするパターンもある。

東京都東村山市に北山《きたやま》公園という市立公園がある。花菖蒲が有名で、毎年6月には多くの見物客が訪れる。

「いろいろな生き物がいて面白い公園だから、見ておいたほうがいいよ」

バースの折原代表からそう言われて、行ってみることにした。

初めて見る北山公園は、花菖蒲だけの公園ではなかった。特に水辺環境が多様だ。田んぼ、ハス田、湿地、水路、池に川もある。そんな中、田んぼの水面に浮く小さな水草が目についた。イチョウの葉っぱのような形をしている。イチョウウキゴケだ（写真5－18）。

イチョウウキゴケは水に浮く苔《こけ》の仲間で、環境省レッドリストで準絶滅危惧にランクされている希少種。

続いて、花菖蒲が育成されているエリアに進む。すると、高さ2㎝ほどでつんつんした葉っぱの小さな水草が、菖蒲田の地面を覆うようにたくさん生えていることに気づいた。

「これってもしかして、ア、アズマツメクサでは……？」

手が震える。アズマツメクサは湿った場所に生える水草だが、田んぼも湿地もほとんどなくなってしまった東京では極めてまれな存在。レッドデータブック東京２０１３において、狭山丘陵を含む北多摩地域では「絶滅」としてランクされている（写真５－19）。

「絶滅」というのは、ある地域からその生物が永遠に失われてしまうこと。僕たち環境保全を生業《なりわい》にする者にとっては、敗北を意味する特別な言葉だ。だが、ここには絶滅してしまったはずのアズマツメクサが生き残っていた。しかもその数は１００や２００ではない。公園全体でみれば千や万の単位である。

なぜ絶滅種がこんなにたくさん見つかったのだろうか。おそらく、レッドリスト作成の調査にかける予算と人手が足りないためだ。日本の環境行政は、往々にして予算が少ない。結果として、調査が隅々まで行き渡らず、発見されなかったのだろう。これはしっかり調べる必要がありそうだ。

そうこうしているうちに、かなり陽が落ちてきた。公園内のどこかで「グワッグワッグワッ」とカエルが鳴く。

「おお、ニホンアマガエルだ！」

写真5-18　イチョウウキゴケ

写真5-19　北多摩地域で絶滅種のアズマツメクサ

かつてはどこにでもいた身近なカエルだが、いまや東京の北多摩地域では絶滅危惧II類の希少種となっている（写真5－20）。

最初は1匹だけだったが、それに呼応して公園内のあちこちで鳴き始めた。ニホンアマガ

写真5-20　のどを膨らませて鳴くアマガエル

写真5-21　頬を膨らませて鳴くトウキョウダルマガエル

エル（以下、アマガエルと表記）の合唱を聞くのはかなりひさしぶりだ。懐かしさに浸っていたときだった。明らかにアマガエルではない鳴き声が聞こえた。

「ゴゲゲゲ　ゴゲゲゲゲ」

思わず絶句する。この声はトウキョウダルマガエルの鳴き声だ！　しかも1匹ではない。次々と競うように鳴き始め、にわかに公園内がにぎやかになった。第四章で紹介したが、このカエルは東京では極めて少なく、めったにお目にかかれない（写真5－21）。

よく聞くと、シュレーゲルアオガエルも鳴いている。「シュレーゲル」はオランダの生物学者の名前。れっきとした日本在来のカエルである。北多摩地域では絶滅危惧II類だ。

「何だこの公園は、カエルの楽園じゃないか！」

東京で3種のカエルの混声合唱が楽しめるとは思ってもいなかった。

一方で心配事もあった。外来種のウシガエルがボーボーと野太い声を響かせている。希少な在来種のカエルたちが、ウシガエルによって悪影響を受けている可能性もある。この公園の持ち主である東村山市は、この現状を把握しているだろうか？

市役所で見つけた仲間

後日、あらためて植物の調査を行った。するとさらに2種類の希少種が見つかった。一つはオオアブノメ。かつては田んぼで普通に見られた雑草だが、北多摩地域では絶滅危惧ⅠA類。株数は少なかった。

もう一つはミズハコベ。こちらはアズマツメクサと同じで、北多摩地域で「絶滅」ランクの植物。しかも見つかった数は少なくとも1000株以上。まさか絶滅種が2種類も見つかるとは……。

市に貴重な生き物の保全対策をお願いするため、これらの調査データを報告書にまとめて東村山市役所へと赴いた。

こうした相談を役所に持ち込むとき、僕はある種の覚悟をしていく。「相手にされなかったとしても諦《あきら》めない覚悟」である。役所の職員は手持ちの仕事で忙しかったり、自然や生き物についての専門性や興味を持っていなかったりするので、新たな案件にしっかり向き合ってもらえるとは限らない。

しかし、今回に関してはその覚悟は不要であった。東村山市みどりと公園課の担当者は最初から最後まで感心しきり。

「貴重な自然と生き物たちを次世代に残していきたいので、ぜひご協力をお願いします」

そう言ってくれた。すごい生き物が自分の住む街に残っている、そのことを我が事として喜んでくれているのが伝わってきて、こちらもうれしくなった。ここにも自然を守ろうとする仲間がいたのだ。

続いてありがたい申し出があった。

「今回はこのような調査と報告書作成をバースさんの自主活動でやっていただき、ありがとうございました。ついては市で正式な調査を実施しようと思います」

僕がこのときやった調査はかなり簡易的だし、調査対象もカエルと植物だけだった。本来なら、最低でも1年間通して、しっかりとした方法で、哺乳類《ほにゅうるい》、魚類、昆虫類など他の分類群の生き物も網羅的に調査すべきものだ。だから、役所としてそれをやると言ってくれたことはとても素晴らしい。問題は、実施にそれなりの調査費用（人件費や技術料など）がかかること。国や都道府県ならまだしも、市町村だとそうした費用を確保するのが難しい自治体もある。

だが担当者は、東京都の補助金を活用するなどして予算を確保し、事業化してくれた。バースはこの業務を取得し、仕事として収益を得ながら調査できることになった。

「NPO」というとなんとなく「ボランティアでやってくれる」とか「国から何かの補助金が出てる団体だから、無料で奉仕しても食っていけるんでしょ?」というイメージを持たれがちだが、そんなわけはない。活動目的が公益的なだけで、基本は会社と同じ。自分たちでお金を稼がなければ生きていけない。

ＮＰＯバースの場合には公園や緑地の管理、イベントや講演会の実施、自然環境の調査などを請け負って収益を得ている。だから、今回のように自然を保全するための仕事をいただけるというのは、本当にありがたいのだ。

北山公園の自然はとても貴重なものだが、東村山市の担当者との出会いもまた、かけがえのないものであった。

本格的な調査

２０１５、16、18年度の３か年で、僕たちは北山公園の生物相と自然環境をじっくりと調べた。すると出るわ出るわ。ニホンアカガエル、ヤマアカガエル、シオヤトンボ、ヤマサナエ、キクモ、ウリカワ、アオカワモズクなどなど、環境省や東京都のレッドリストに掲載されている希少生物が28種も確認できた。その多くは水辺に生息する種類で、いかに北山公園の水辺が多様かを物語るものだった。

一方で、外来種もたくさん見つかった。動物ではアライグマ、アカミミガメ（写真５－22）、アメリカザリガニなど。植物ではオオフサモ（写真５－23）、アマゾントチカガミ、オオカワヂシャなど。全部で24種を確認した。根絶が難しい種類も含まれていたが、種類さえわかれば戦う手立てはある。

また、北山公園内の水事情についても詳細を調べた。菖蒲田と水路の一部に水漏れなどの問題があることがわかり、それを受けて一部は改修工事が行われた。水だけでなく、土壌改良の方法も検討する必要があった。花菖蒲は連作障害が起きやすく、

写真5-22　アカミミガメ

写真5-23　水面を覆いつくす水草オオフサモ

写真5-24　休耕による地力の回復。いろいろな植物が生育している

何年かに1度は菖蒲田の土の入れ替えが行われていた。しかし、この方法だと北山公園に生育している希少な植物や土の中に蓄えられたそれらの種子が捨てられてしまうことになる。これも方法をあらためるべきであると提案した。

その結果、土を削り取って入れ替えるのはやめ、花菖蒲を植えずに田を休ませる「休耕田方式」が取り入れられた（写真5－24）。

これら以外にも、たくさんのことを提案した。妥協はしたくなかった。そのすべてを実現するのが難しいことは、承知の上だ。市のお財布事情が決して潤沢でないことは、わかっていた。公園内で物が壊れたりしたとき、その修理を専門業者に依頼するのではなく、市の職員自らが工具を持って直している姿を何度も見ていたからだ。

しかし東村山市みどりと公園課の職員は、あくまで前向きだった。まずはあまりお金がかからない対策からやろう、お金がかかる対策はどんどん予算要求していこう、そういうスタンスだ。そうやって、次々と課題をクリアしていく。とても気持ちがいい。

環境保全の担い手を増やす

もう一つの課題が、外来種の問題である。これについては、東村山市で水辺の自然を守っている市民団体「北川かっぱの会」が大活躍。週に1度、ボランティアで罠を仕掛けてウシガエルやアメリカザリガニを駆除してくれる。

ただ、外来種問題は重い。次々と数が増える外来種を抑え込むには相当な作業量が必要だし、最終的に必要な殺処分は精神的な負担も大きい。北川かっぱの会だけに任せっぱなしにするのはマズイ。そこで市のみどりと公園課は、新たな作戦を考えた。

それは、外来種駆除の担い手を増やすこと。外来種に関する連続講座をひらいて、市民に学んでもらおうという作戦だ。加えて、気軽に参加できるイベントも開催することになった。これらの事業も、NPOバースに任せてもらえることになった。講師は僕が務める。

講座のタイトルは「外来種バスターズ入門講座」。ただし、外来種をやっつけることが主たる目的ではないので「北山公園の希少生物を守ろう」という副題を付けた。北山公園の歴史と自然、大切にしたい希少種、そして動物と植物それぞれの外来種による被害と対策について学んでもらった。

写真5-25　しょうちゃん池

参加者は21名。中高生から大人まで幅広い年齢層だった。この人たちが、これからの北山公園の環境保全を担っていく存在になるかもしれない。

17年度、東村山市は環境保全の新たな一歩を踏み出した。そして、その歩みは翌年以降も続く。

しょうちゃん池のかいぼり

18年4月、北山公園内の「しょうちゃん池」にて、市主催のかいぼりが行われることになった。水深70㎝ほどの三日月形をした人工池だ（写真5－25）。初めてこの公園を訪れたときに、ウシガエルが鳴いていたのはこの池だ。

外来種だけでなく、しょうちゃん池には水が汚いという問題もある。田んぼの泥や花菖蒲の育成に使った肥料が溜まり、アカマクミドリムシというプランクトンが大量発生して、水が赤くなっていた。かいぼりは、これらの問題を一掃するのにもってこいの手法だ。外来種講座の受講生が経験を積む場としても良い。

18年4月21日、しょうちゃん池のかいぼりの日が来た。一般市民、受講生、関係者合わせて70名を超える人が集まった（写真5－26）。

写真5-26　しょうちゃん池のかいぼりの様子

かいぼりイベントは順調に進んだ。一番多かった生き物はギンブナで、なんと6000匹以上。モツゴや国内外来種のタモロコ、出自のわからないメダカ類がそれぞれ数百匹捕れた。カワムツやオイカワといった流水環境に棲む魚が捕れたのも面白かった。北川から水を引いているからかもしれない。

　ナマズが15匹も捕れたのにはちょっと驚いた（写真5－27）。ナマズは繁殖期になると川をさかのぼり、田んぼや湿地に入って産卵する習性があるのだが、もしかしたら北川から公園まで遡上《そじょう》してきたのだろうか？　今後、詳しく調べる必要がありそうだ。

　そしてもっと驚いたのは、巨大なオオクチバスが3匹捕れたこと。最大のものは46・5㎝もある大物だった。お腹も立派だったのでふと思いついて解剖してみると、そのお腹には大量の卵が入っていた。気温などを考える

写真5-27　たくさん捕れたナマズ

と、あと1～2週間もすれば産卵していた可能性がある。間一髪だ。このタイミングでかいぼりをやっておいて本当によかった。

かいぼりイベントには、東村山市長が駆けつけ、一緒に作業をしてくれた。実はこの渡部尚《わたなべたかし》市長、外来種イベントのときにも参加し、ドロドロになりながら駆除作業を一緒にやっていた。首長の環境保全意識の高さは、自治体の環境政策に大きく影響することを実感した。

しょうちゃん池のかいぼりイベントは無事に終了。続いて水質浄化のための池干しを行い、ゴールデンウィークが明けた5月9日に在来種を放流した。

外来種駆除、そして講座受講生の経験値アップや市民への環境意識の普及と、いくつもの成果があったと思う。東村山市職員のバックアップ、そして北川かっぱの会のメンバーやその関係者の協力が極めて大きかった。

外来種ポストを作る

東村山市の取り組みは、まだ終わらない。19年度、20年度は一般市民向けの外来種防除イベントを1回ずつ行った。今回は種同定に焦点を絞り、捕まえた生物を自分の力で在来か外来か判定できるように、そして種類まで見分けられるようになる、そんなイベントを企画した。題して「目指せ！外来種ハンター！」である。

イベントはテスト形式。「9問中6問以上正解するまでは帰れません！」最初にそう宣言すると、ざわめきが起こった。これがなかなか効果的で、みんな目の色を変えて実物を観察し、知識をつけた。結果、ちょっと難しいかなと思った問題を全グループが一発で合格してしまったから驚いた。イベントの最後には、自分の目で種類を見分けながら外来種の捕獲を行ってもらった。身につけた知識を活かしながらの作業は、とても楽しかったようだ。

20年度のイベント時には催しがもう一つあった。外来種ポストのお披露目だ。外来種ポストとは、捕獲した外来種をいつでも入れられるボックスのこと。市民の力を外来種防除に活かしてもらうための仕掛けだ。琵琶湖などでは、釣ったオオクチバスをリリースせず駆除につなげようと以前から行われている。

このポストの製作はバース自然環境マネジメント部の中村孝司《なかむらたかし》くんにお願いした。僕が部長を務める部署で、生物調査や分析を担当する一人。中村くんは器用で、ものづくりがうま

写真5-28　外来種ポスト。ウシガエルとアメリカザリガニが主な回収対象

い。彼は、ごみ集積所で使うやや大型のゴミ箱を改造してポストを作り上げた（写真5－28）。

これが想像以上に良い出来で、かっこいい。そう思うのは僕だけではなかった。何も知らずに公園に遊びに来た子どもたちが、このポストを見つけた途端、夢中になって外来種を捕まえポストに入れ始めた。

「こんなふうに、モノを設置するだけで外来種駆除が進むってこともあるんだな」

この経験は僕にとって新たな学びであった。

ふるさと納税でカエルを救え

北山公園は東村山市が推す観光地で、多いときは年間9万人を超える人が来る。人々を魅了する花菖蒲を維持するためには、それなりのお金がかかっているようだ。だが公園の入場料は無料で、人がたくさん来ても特に東村山市が儲《もう》かるわけでもない。

一方で、前述したように北山公園には課題がたくさんある。水路の補修、数年おきのかいぼり、などなど。カエルの楽園をこれからも守り、良くしていくためにはお金の確保が必要だ。

そこで東村山市は、ふるさと納税に活路を求めた。16年に寄付用途を見直し、「トウキョウダルマガエルや希少動植物などがすむ水辺環境と緑の保全のために」という税金の使いみちを用意した。

うれしいことに、その根拠となったのは15年度にバースが市の依頼で実施した調査だ。貴重な生き物が北山公園に残っていることがわかり、そしてそれが全国に誇る東村山の宝だと位置づけて、未来へと引き継ぐために市が動いてくれたのだ。

21年4月、東京都から新しいレッドリストが公表された。北多摩で「絶滅」となっていたアズマツメクサとミズハコベは、絶滅危惧ⅠB類にランクが下がった。ここ北山公園にたくさん生育しているのがわかったことが、根拠の一つになっている。

一方でトウキョウダルマガエルは、絶滅危惧ⅠB類から絶滅危惧ⅠA類へとランクが上がった。都内での生息環境はより悪化しているということだろう。この状況を考えると、北山公園のカエルを保全することは、多摩地域、そして東京都におけるトウキョウダルマガエルの存続に大きく貢献する。

ふるさと納税は、自分たちが納める税金をどのように市政に活かすか選択できるチャンス。

これまでの日本ではなかなか予算が付きにくかった自然保護や環境保全といった事業を、後押しする力となるはずだ。そういう意味で、ふるさと納税に期待しているし、僕自身も毎年必ず自然環境保全の使いみちがある自治体に寄付を行うようにしている。

ということで、あなたも今年のふるさと納税は東村山市にしてみてはどうだろうか？　あなたの寄付が、東京都のトウキョウダルマガエルを救うかもしれない。

コラム　3

企業の土地は生き物の楽園？

本書では、自然を守る担い手として、ＮＰＯ、公園管理者、行政、学者・専門家などが登場しているが、これからの主役は間違いなく「企業」になるだろう。僕も現在、複数企業のＣＳＲ活動やＳＤＧｓの取り組みに協力しており、そのポテンシャルの高さに期待を寄せている。

環境保全とビジネスのつながりを考えるとき、主要な柱の一つがＥＳＧへの取り組みだ。中でも企業が土地利用のあり方を見直すことは、大きな意味を持つ。これまで、企業が保有する土地の生物多様性を高める行動は各社が独自に行うだけだったが、２０２１年に環境省が「民間取組等と連携した自然環境保全（ＯＥＣＭ）」という制度の導入を決め、国が後押しすることになった。これは、寺社や企業といった「民間の土地」を、環境保全に貢献する場所として認定するもの。なぜそんなことをするのかというと、環境省が同年に掲げた「陸と海の30%以上を自然環境エリアとして保全する」という目標を達成するためである。制度の具体的な内容はまだ検討されている途中だが、今後は、企業の土地における生物多様性保全の活動が活発化してくるだろう。

こうした中、僕が面白いと思っているのは、スキー場とゴルフ場。最近では、これらが絶滅危惧種のよりどころとなっているケースがある。

まずスキー場だが、滑降する目的で切り拓《ひら》かれた山肌は、春から秋にかけては草原となっている。第五章で紹介した通り、現代日本には草地が極めて少ない。そのため、草地性の生物にとって、スキー場は貴重な生息場となっている。

ゴルフ場には森、草地、池など、多様な環境が存在するため、野生生物の生息場所としてのポテンシャルがある。特に注目すべきは「松林」。松枯れ病の蔓延や、山に人手が入らなくなったことにより全国的に少なくなった松の木（アカマツ・クロマツなど）が、ゴルフ場にはたくさんある。草刈りなどの管理を徹底して行っているのと、松枯れ病を防ぐための薬剤を松の木に注入して保護しているためだ。

松の木に依存している生き物は、実はけっこう多い。たとえば、春に鳴くハルゼミ。本種は東京都23区では絶滅、多摩地域では絶滅危惧ＩＢ類の希少種。メジャーなところでは、マツと共生しているマツタケも、環境省レッドリスト２０２０で準絶滅危惧に選定されている。

スキー場、ゴルフ場ともに、かつては自然破壊の象徴と認識されていたが、今後は条件を満たせばＯＥＣＭの対象になりうるという。これからの日本の生き物たちを守っていくうえで、重要な場所であることは間違いない。もちろん、除草剤や殺虫剤を大量に使うような管理をしては駄目で、取り組み方が鍵《かぎ》となる。

ほかにも、コアジサシが営巣する工場、ト

ンボ池があるショッピングモール、ハヤブサが翔ける自社ビル、なんていうのはどうだろうか？　可能性は無限で、考えただけでワクワクする。ＳＤＧｓに沿ったビジネスはすべての企業で実施が可能であり、それが企業価値の創造に直結する。企業の取り組みを誘引するための土地税制、環境税制の改正など、今後の展開は目が離せない。

良好な草地環境となっている夏のスキー場

松林が残るゴルフ場

第六章　森のリスぜんぶ捕る

ここ7年ほど、追い続けている動物がいる。憧《あこが》れている生き物に会いに行くとか、大好きで写真を撮りたいとか、そういう追いかけるではなく、捕獲しようと本気で追いかけ回している。その動物は、狭山丘陵に生息するリスだ。本章は、狭山丘陵の森に棲《す》むリスを1匹残らず捕獲する話。この「1匹残らず」が重要だ。前章で登場したアライグマも然《しか》り、たとえかわいらしい動物であっても、日本の自然を守るためには捕獲しなくてはならない場合があることを知ってもらえたらうれしい。

写真6-1　特定外来生物のキタリス。ニホンリスよりもガッシリしている印象

狭山丘陵のリス

日本でリスといえば北海道をイメージする方も多いと思う。しかし、実は本州、四国にもリスはいる。それは日本の固有種、ニホンリス。意外かもしれないが、東京都内にも生息している。しかし近年、それを脅かす外来リスが狭山丘陵で繁殖しているのだ。

1980年代の後半、狭山丘陵でリスが目撃され始めた。最初はごくまれだったが、90年代の後半に入ると「リスを見た」と寄せられる声が増え、その数は全部で数十件にのぼった。またこの間に、交通事故で死んだリスも2匹見つかった。

そもそも、狭山丘陵には在来のリスがいないとされていた。では、このリスは何者なのか？　2000年、先の交通事故死体をDNA解析にかけたところ、その正体が判明した。それは狭山丘陵にいるはずのない「キタリス」だった（写真6－1）。狭山丘陵は、外来種キタリスが野生化した日本で唯一の場所となった。

持ち込まれたリスと遺伝子汚染の脅威

キタリスは、ヨーロッパからアジアにかけて広く分布するリスだ。実は北海道に生息するエゾリスも、このキタリスの亜種である。DNA解析の結果、狭山丘陵で見つかったキタリスは、エゾリスではなくユーラシア大陸産のキタリスであることがわかった。

キタリスは過去にペットとしてかなりの個体数が流通した記録がある。狭山丘陵にいるということは、それが遺棄され、あるいは逃げ出して野生化したと見て間違いないだろう。06年、環境省によって特定外来生物に指定されたため、それ以降はペット販売も許可のない飼育もできなくなっている。

なぜ特定外来生物に指定されたのだろうか？　それは、日本で野生化したら在来種ニホンリスに悪影響が及ぶ可能性が高いからである。

まず、食べるもの、棲む場所などがニホンリスと重複するため取り合いになる。キタリスは、見た目はニホンリスとそっくりなのだが、体が一回り大きい。餌の取り合いにでもなれば、ニホンリスに勝ち目はないだろう。

もう一つ恐れていることは、遺伝子汚染だ。ニホンリスとキタリスは、遺伝的にかなり近い仲間。ということは両者が出会ったときに、ケンカではなく、交雑してしまう可能性がある。これが進めば、やがて純粋なニホンリスがいなくなってしまうかもしれない。

日本でも、リス以外ではすでに遺伝子汚染の問題は起きている。有名なのはサルの事例だ。千葉県ではアカゲザルが、青森県と和歌山県ではタイワンザルが野生化し、それぞれ日本の固有種であるニホンザルと交雑してしまった。別種であっても、近縁なら交雑は起きる。

特定外来生物と在来種が交雑した場合、生まれた子は特定外来生物と判定され、駆除対象となる。そうしないと、在来種を守れないためだ。かわいそうと思うかもしれないが、人が犯した過ちを本気で解決するためには、そうするしかない。アカゲザルとタイワンザルは特定外来生物に指定されているので、交雑個体も含めて捕獲が進められている。

狭山丘陵にはニホンリスはいないとされている。ということは、とりあえずここでのキタリスとの交雑の心配はない。だが、狭山丘陵の西側には加治《かじ》丘陵と草花《くさばな》丘陵があり、ここにはニホンリスが生息している。狭山丘陵からの距離はそれぞれ4・3㎞と4・8㎞。丘陵と丘陵の間には道路や住宅地がたくさんあって、森がつながっているわけではない。でも、リスにとって移動できない距離ではないし、早朝活動するリスが人のいない道路や住宅地を通過する可能性はないとは言い切れない。

もし、仮にキタリスが他の丘陵へと渡ってしまった場合、ニホンリスの数が減ったり、キタリスとの交雑が発生したりするだろう。交雑したリスは見ただけでは在来種なのか交雑個体なのか区別がつかず、捕獲してDNA検査をしなければどちらか判別できない。渡った先の丘陵、つながっている山々、そこに生息するすべてのリスを捕獲し、DNA検査を行って交雑個体だけを駆除するという作業を行わない限り、この問題は解決できない。それは事実上不可能だろう。

キタリスが狭山丘陵の外に出ていく前に対処できるか、できないか、それによって手間も必要経費も、比較にならないほど変わってきてしまう。キタリスを狭山丘陵から出してはならないのだ。

国を動かした専門家

事の重大さに気づき、いち早く動き出した専門家がいた。日本のリス研究の第一人者である、森林総合研究所 多摩森林科学園の田村《たむら》（林《はやし》）典子《のりこ》博士。この章の主役だ。

彼女は、自身が所属する日本哺乳類《ほにゅうるい》学会に働きかけ、環境大臣、東京都知事、埼玉県知事に対して哺乳類学会として「要望書」を出した。

「狭山丘陵のキタリスを根絶するための早急な対策と、そのための予算を確保してほしい。哺乳類学会も問題解決のための協力を惜しみません」という内容。13年11月のことだった。この件は、今も日本哺乳類学会のホームページで内容を読むことができる。

こうしたことは、僕のような環境保全を生業《なりわい》にしている者の仕事としてはあり得るのだが、純粋な研究者が保全の第一線に立って行政を動かし、環境保全活動を展開することもあるとは知らなかった。研究者は、行政が設けた環境保全会議の場で専門家の見地から意見を述べる、という立ち位置であることが多いのだ。田村博士の危機感が伝わってくる気がした。

ただ、このとき「この要望が通るのは難しいだろうな」と感じていた。キタリスは野菜を食い荒らすわけでもないし、人間に嚙《か》み付くわけでもない。いまの日本社会の認識では、キタリスが増えても人間にとって実害がないととられがちだ。「キタリスとニホンリスが交雑したら、誰か困る人がいるの？」と。

また、この時点では、ニホンリスへの悪影響も発生してはいない。正確には、発生しているかどうか不明だった。こうした状況で国や行政が対策を取るとは考えにくかった。とても残念なことだが、これが日本の環境保全の実情だ。

ところが、この予想は良い意味で裏切られた。翌14年より、キタリスの生息調査と捕獲が始まったのだ！　被害が出る前に対処しようという環境省の大英断に、心の中で拍手を送った。きっと、今後のさまざまな外来種対策のあり方に影響を及ぼすことだろう。そしてその環境省を動かした田村博士たちの熱意には、保全に携わる人間として純粋に感動し、刺激を受けた。

写真6-2　森林総合研究所の田村（林）典子博士（写真、田村博士提供）

田村博士との出会い

14年7月、リスの確認情報を得たいということで、その田村博士が狭山公園にやってきた。狭山丘陵は東西に11㎞、南北に4㎞のとても大きな緑地なので、闇雲に探しても見つかるものではない。探索のきっかけを掴《つか》みたい、ということだった。

初めて会う田村博士は、知的でざっくばらんな女性だった（写真6－2）。率直な話し方をするのでとてもわかりやすいし、何の裏もなく純粋に協力を求めていることが伝わってきて、信頼できる人だなと感じた。どことなくリスに似ているような気がしたのは、僕の思い込みのせいかもしれない。

僕たちは丘陵内にある都立公園5か所を管理していて、そこに来るお客さんや、活動しているる公園ボランティアさん、パトロールしているパークレンジャーから情報を集めることができる。実はここ最近、野山北・六道山公園のあるオニグルミの木でリスの目撃情報が複数寄せられていたこともあり、情報提供については多少の自信があった。

さっそく、こちらが現時点で持っている情報を提供した。また今後、パークレンジャーがパトロールしながら、オニグルミやアカマツの木の情報を集めて提供することを提案した。リスにとってもっとも重要な餌はクルミの実とマツボックリなので、その木がある場所は捕獲における最重要の場所となるからだ。

こうした情報や提案は、田村博士に刺さったようだった。この日の夕方、メールが届いた。

「広大な狭山丘陵で、キタリス対策をどうスタートするべきかと思案していましたが、現場で活動している久保田さんたちのご提案はすべて前向きで、すごく頼もしく感じました」

「どうやら役に立てそうだぞ」

自分たちの日頃の仕事が評価されたことがうれしく、むくむくやる気が湧いてくる。ただ、これだけだと東京都側の情報しか集まらない。狭山丘陵は東京都と埼玉県にまたがっている。埼玉県側の情報をどう集めるのか。

行政区分を越えた協力

これについては秘策があった。僕たちは13年に「狭山丘陵広域連絡会[1]」という会議体を立ち上げていた。これは、狭山丘陵で活動している環境保全団体・拠点や自治体が情報共有を行い、狭山丘陵全体の保全や活用を一体的に進めていこうというもの。こう書くと堅い感じがするが、要するに東京都と埼玉県の垣根を越えて協力しようという集まりで、年に1回程度会議を行っている。今回のように、行政区分に関係なく協力しなければならないテーマはうってつけだ。

タイミングの良いことに、ちょうど2週間後に広域連絡会のメンバーが集まる機会があった。ここに田村博士にも出席してもらえば、狭山丘陵の要所の協力を取り付けることができる！

会議当日は、田村博士が日本に生息するリス4種の仮剥製《かりはくせい》を持ってきてくれたため、リスの一大勉強会となった。ニホンリス、キタリス、クリハラリス、エゾシマリスだ（写真6－3）。仮剝製は別名を簡易剝製ともいい、研究のために作る剝製だ。内臓や肉を取り除き、乾かして綿を詰め、縫い戻しただけのもの。嵩張《かさば》らないように棒状の形をしていることが多い。一方で、僕たちがよく目にする剝製は本剝製という。こちらは展示や観賞が目的なので、生きていたときの姿を再現すべく眼球（義眼）を入れたり、生態を再現したポーズをつけたりする（写真6－4）。

ニホンリスとキタリスは、体の大きさは違うものの細かい特徴はよく似ている。見分けるポイントとして、次のような違いがある。

・目のまわりが白いか（ニホンリス）　白くないか（キタリス）
・夏の毛色が手足だけ赤いか（ニホンリス）　全身赤いか（キタリス）
・しっぽの先端の毛が白いか（ニホンリス）　黒いか（キタリス）

だが、それらはかなりじっくり見ないとわからないレベルで、野外で目撃したとき瞬時に見分けるのはかなり難しそうだ。

もう一つ、リスの重要な手がかりとなるのが「食痕《しょくこん》」。食痕とは、字のとおり「食べあと」

のこと。リスが、主食であるクルミの実とマツボックリを食べたときに残る残骸《ざんがい》だ。リスそのものの姿が見られなくても、食痕を見つけることができれば生息しているかどうかがわかる。

写真6-3　リスの仮剥製（右からエゾシマリス、キタリス、ニホンリス、クリハラリス）

写真6-4　本剥製のニホンリス

リスは、硬いオニグルミを真ん中からきれいに二つに割って食べる。ネズミは横から穴を開けて食べるので、まったく違った食痕になる。また、クルミの実は自然に割れることもあるが、この場合は殻の縁にかじりあとがついていないので、リスの食痕ではないとわかる（写真6－5、6－6）。

マツボックリの食痕は、生き物業界では「エビフライ」と呼ばれる（写真6－7）。リスがマツボックリの硬い鱗《うろこ》を1枚ずつ剝《は》がしてその下にある種を食べていくと、最終的にはエビフライに似た形になるのだ。

田村博士からはメインの話題である事業についての説明、そして協力依頼のお話があった。もちろん、広域連絡会のメンバー全員が協力を快諾した。それぞれが自然のスペシャリストで、かつそれを守りたいと思っているメンバーの集まりだから当然だ。

また、メンバーから「チラシを配って情報を集めたらどうか」という提案があった。広く情報収集を行うことは、効率的な捕獲には重要な一手だ。さっそく、博士がチラシを試作することになった。

心強いメンバーとともにキタリス問題に立ち向かうことになり、燃えてきた。この日の広域連絡会は、ニホンリスを守るための大きな一歩になった。

（1）都県境を越えた主体間の連携や情報共有を深め、狭山丘陵全体の保全活用を一体的に進めることを目的とした会議体。固定メンバーは公益財団法人トトロのふるさと基金、埼玉県狭山丘陵いきものふれあいの里センター、さいたま緑の森博物館、早稲田大学所沢キャンパス湿地保全活動、西武・狭山丘陵パートナーズ。

写真6-5　左は自然に割れたクルミ、右がリスの食痕

写真6-6　アカネズミの食痕。割らずに穴を開けて食べる

写真6-7　エビフライと呼ばれるリスの食痕（マツボックリ）

捕獲作戦

対策として今回もっとも重要な作業は捕獲。キタリス問題を解決するためには、全頭を捕獲するしかない。会議での連携も、チラシ配りも、すべては捕獲へとつなげるための準備作業である。罠《わな》の設置は田村博士が行い、僕たちはそれをサポートする。

捕獲に使うのは小型のカゴ罠（写真6－8）。中に餌を入れておき、その餌をリスがくわえてひっぱると扉が閉まる仕組みだ。リスは木の上で生活する動物なので、罠を仕掛ける場所も樹上である。

捕獲の肝は場所選びだ。おおまかな場所は、集まった情報から絞り込む。目撃情報が多い、クルミの木やアカマツの木がある、食痕が落ちている、といった場所が有力となる。目撃や木の位置情報は僕たちが集め、食痕は田村博士が調査して探す。

実際に罠をかけるときには、より詳細な場所の分析が必要となる。たとえば「目撃情報が多い場所」に木が5本生えていたら、どの木に仕掛けるべきか？　相手は頭の良い哺乳類だから、どの木でもいいというわけにはいかない。

ここで博士のスペシャルな能力が発動する。彼女はリスの生態を熟知しており、現場を見ればリスがどこを通るか、どこで休むか、天敵のタカが現れたらどこに隠れるか、といったことがわかってしまうのだ。さすがは日本のリス研究の第一人者だ！　1か所ずつ、丁寧に現場を見て罠の設置場所を決めていく。

僕たちも、ただそれを見ているだけではない。公園の管理者として、「人の利用」の観点から設置場所の提案をする。基本は、できるだけ人目につかないところがよい。そのほうが、問題が起きにくい。なぜなら、捕獲は動物愛護の考えを持つ人たちからの批判にさらされやすいからだ。特にペット的な感覚を持ちやすい哺乳類は、「かわいそう」の対象となりやすい。

写真6-8　捕獲に使用するカゴ罠

実際、確かにかわいそうだ。勝手に海外から連れてこられ、野に捨てられ、挙句の果てに外来種だと言われて駆除される。僕はこんな仕事をしているぐらいだから人一倍、いや、人十倍の生き物好きを自負している。本当は、外来種だからって駆除なんかしたくはない。

だが、その外来種によって犠牲になる在来種も、またかわいそうだ。そしてかわいそうでは済まない被害も出てしまう。最近は「外来種には罪はないが害はある」と言われることがあるが、まさにそのとおりだなと思う。日本の自然と生き物を守るために、そしてその恩恵を受ける子どもや将来世代のために、心の中で血の涙を流しながら駆除作業にあたっている。

ちょっと話が脱線したが、田村博士と公園管理者である僕たちの二者が協力し、狭山丘陵にある都立公園の中に複数のカゴ罠を仕掛けた。だが、まだ捕獲は開始しない。「ここに来れば餌にありつける」ということをリスに覚えさせ、しっかり餌付《えづ》いたころ、罠を稼働させて捕獲を行うという。そのため、カゴ罠の扉をロックして作動しないようにし、その中に餌のクルミをいくつも入れる。慎重な作戦だ。

ついに捕獲

カゴ罠の設置から1か月後、田村博士から連絡が入った。

「キタリスが捕れましたよ！」

ついに捕獲が開始された。罠のロックを外し、稼働させたその日のうちに5匹が捕獲できたという。餌付け作戦が成功したようだ。

その後も、しばらく餌付けしてから罠を稼働させるという作業を博士が繰り返し行っていく。こちらも広域連絡会として新たなリスの目撃情報やクルミの木の位置情報を集め、提供を続けた。

博士はそうした情報をもとに、時に罠の設置箇所を増やしながら、ジワジワと、そして確実に捕獲数を増やしていった。彼女の手腕はやはりすごい。14年7月〜17年3月までの3年弱の間に、32匹のキタリスと1匹のニホンリスが捕獲された。


……ニホンリス？


その話を聞いたとき、僕は「え、ニホンリス？　ニホンリスですか？」と二度聞き返してしまった。

なぜかニホンリスが1匹捕れた。DNA解析の結果、東京近辺に生息しているものと同じだという。近くの別の丘陵帯から自力で移動してきたのか、あるいは人の手で放されたのか、詳しいことは謎である。だが、自力で移動してきたとしたら、逆に狭山丘陵から別の丘陵帯へとキタリスが移動していってしまう可能性もある、ということだ。ますますもって捕獲を急がねばならない。

続いて博士は、狭山丘陵内のキタリスの生息数の推定を試みた。除去法という手法で、捕獲を短期間に繰り返し行い、累積の捕獲個体数と毎回の捕獲数との関係から推定生息個体数を算出するというものだ。

今回は3年間の捕獲実績から計算していて、除去法に必要な「短期間に」という条件を満たしていないため、あくまで参考値となるそうだが、推定では39匹が生息しているという試算であった。

もし本当に生息数が39匹だとしたら、そのうち33匹（ニホンリスを含む）をすでに捕獲済みなので、残りは6匹ということになる。確かに、この時点でカメラにリスが写ることも、食痕が見つかることも、目撃情報が寄せられることもほぼなくなっていた。試算は的を射ていそうだ。ゴールは目前ではないか！

ところが、事はそう簡単には進まなかった。なんと、環境省によるキタリス防除事業が丸3年で満期を迎え、終了となってしまったのだ。予想外の事態に衝撃を受けた。まさかこんな中途半端なところで終了することになるなんて……。

だが、環境省が頑張ってくれた。多少は規模がコンパクトになるものの、調査を続けるのに必要な最低限の予算は確保してくれたのだった。

そして今後の事業は、僕たちNPOバースが引き受けることになった。これまで3年間この事業にかかわってきた実績から、我々が指名を受けたのだった。後述するが、キタリスの根絶が確認されるまで、地道な作業を少なくとも10年は続けなくてはいけない。田村博士から受け取ったこのバトンを、何としても根絶というゴールまでつないでいかなくてはならない。

捕れないリス

田村博士は、リスの個体数の増加予測についても試算していた。仮に1匹の妊娠したメスを捕り残してしまった場合、リスの寿命や一生で残す仔《こ》の数などをもとに計算すると、10年で30匹ほどに増える、つまり捕獲前の個体数にほぼ戻ってしまうという計算結果だった。

この事業で捕獲をする前（39匹生息していたころ）には、公園を利用する人たちからリスの目撃情報が頻繁に寄せられていた。つまり、39匹くらい生息していれば、目撃情報が出てリスの存在に気づけるということ。逆に10年の間に確かな目撃情報がなければ、キタリスは増えなかったということであり、さかのぼって考えると根絶できていたと初めていえる状況になる。つまり、僕たちが引き継いだこの事業のゴールは、早くても10年後ということだ。

17年6月、作業開始。事前にリスの捕獲許可をとり、カゴ罠を田村博士からお借りした。作動しないようにロックした罠にクルミを入れ、木の上に設置する。入れたクルミが減っているかどうかを定期的にチェックすることで、リスの動向を確認。同時に、クルミやアカマツの木のまわりでは食痕調査を実施。これらについては、田村博士の実施場所をそのまま踏襲している。

もちろん、チラシの配布による呼びかけと情報収集も並行して行っていく。すると、罠に入れたクルミが、たまに減っていることがある。また、ポツリポツリと「リスを見た」という情報も入り始めた。どうやらまだ、リスは残っているようだ。

こうした有力そうな場所にはすぐに赴いた。まだ罠を設置していない場所であれば、新規でクルミ入り罠を仕掛ける。より詳しい状況を摑みたいので、センサーカメラも合わせて設置。センサーカメラは、赤外線センサーが温度のゆらぎを感知するとシャッターが切れる仕組みになっているので、無人で写真が撮れる。哺乳類の調査ではよく使われる道具である。

設置からしばらくして、再び現場へ行ってみた。しかし、クルミは減っていないし、食痕も見つからない。センサーカメラのデータを確認してみたが、撮影されていたのは野鳥のヤマガラのみだった。この年は見事に空振りで、1匹も捕獲することができなかった。

翌18年度も同様の展開が続く。目撃情報をもとに罠を設置しても、クルミが減らないし、センサーカメラにも写らない。センサーカメラでキツネがちょっとした木登りをしている姿が写ったのは面白かったが（写真6－9）、リスでの成果は得られなかった。

残存リスは1か所にとどまらず、広い範囲を移動しながら過ごしているのか？　あるいは罠に対して極めて警戒心の強い、いわゆるトラップシャイな個体なのか？　なんとなく、前者のような気がする。そうだとすると、このまま追いかけ続けても後手に回るばかりで捕獲できなそうだ。

そこで、次年度からは秘密兵器を投入することにした。新型のセンサーカメラ。撮れた写真を指定したメールアドレスに自動で送信してくれるというすぐれものだ。これがあれば、目撃情報を待たずとも即日でリスの姿を捉《とら》えることができるし、現地まで写真を回収しに行かなくていいのでその労力を節約できる。

翌19年度、目撃情報が4件あり、うち2件は埼玉県所沢市の南西部にあるゴルフ場周辺であった。「これだ！」とひらめく。ゴルフ場には、マツの木を大切にしているところがけっこうあるのだ。つまりリスの餌であるマツボックリがたくさんあるということだ。

「きっとここがリスの最後の隠れ場所に違いない」

確信めいたものを胸に、ゴルフ場に連絡をする。ゴルフ場は、リスの調査を快く受け入れてくれた。まず

写真6-9　木登りするキツネ

は下見をする。いつボールが飛んでくるかわからないのでしっかりとヘルメットをかぶり、ラウンド中のゴルフ客の合間を縫いながら現場を歩く。

たくさんのアカマツがとても健康に育っていて、ちょっと感動してしまう。狭山丘陵ではかなり前から松枯れ病が流行し、多くのアカマツが枯れている。しかしここでは松枯れ病を防ぐ薬を使ってマツを守っているそうだ。これは期待できそう。

それにしても広い。ゴルフ場だから広いのは当たり前なのだが、センサーカメラやカゴ罠を背負《しょ》って歩き回るのはなかなかしんどそうだなあ。そう思っていたら、移動のときはお客さんの送迎バスに乗せてくれるという。ゴルフ客だけでなく、環境調査員にもやさしいゴルフ場、本当にありがたい。

後日、いよいよ本格的な調査に入る。まずは食痕探しだ。これだけたくさんのアカマツがあれば、食痕もたくさん見つかるに違いない。ところが、ない。フェアウェイの芝生や周辺の草むらに這《は》いつくばって探し回るが、たくさんどころか一つも見つからない。なぜ⁉

目撃情報があったことは確かなので、クルミ罠とメールを飛ばせる新型のセンサーカメラを諦《あきら》めずに設置した。しかし、送られてくる写真はカラスやガビチョウなどの野鳥ばかりで、リスの反応は何一つなし。絶対にここにいると思ったのに、ダメか……。期待していただけに、この空振りによる精神的ダメージはかなり大きかった。

これが、外来種捕獲の辛《つら》いところだ。僕たちが業務を請け負ってから丸3年、1匹も捕獲できていない。成果が上がらないまま、いつまで続くかわからない作業を延々と続けなければならない。

翌20年度も何もなかった。本当に何も。罠に入れたクルミの減少も、食痕も、そして目撃情報も1件もなかった。これは、この業務が始まって以来のことだった。びっくりして田村博士に報告すると「生き残っているリスの寿命が尽きた可能性も出てきましたね」とのこと。

ヨーロッパでキタリスの寿命についての研究があり、平均で4・7歳なのだそうだ。狭山丘陵のキタリス防除の事業が始まって丸7年、僕たちが請け負ってからでも丸4年だ。その可能性もあるのかもしれない。

狭山丘陵の外のリスを調べる

一方で田村博士は、調査事業を僕たちに手渡した17年以降、別の動きを始めていた。キタリスがすでに他の丘陵地に渡ってしまった可能性がないか、それを調べようというのだ。狭山丘陵から一番近い加治丘陵と草花丘陵にて、リスを捕獲してDNAを調べる。環境省から予算が出ているわけではなく、田村博士が森林総合研究所の研究課題の中で独自に取り組んだものである。その熱意には敬服するほかない。

「久保田さんの自宅のまわりやよく行く場所で、リスの生息している場所を知りませんか？」

田村博士からの問い合わせが来た。僕は15年から加治丘陵に住んでおり、少しだけデータを持っていた。

最初は、リスの目撃だった。加治丘陵に引っ越して間もないころ、自宅近くで車を走らせていた僕の妻が、走って道路を渡るリスの姿を目撃していた。

その次はエビフライの発見だった。通勤路に打ちっぱなしのゴルフ場があって、そこにきれいなアカマツの林がある。その脇を歩いて通ったとき、たくさんのエビフライが歩道に落ちているのを見つけた。ここはリスの良い餌場だとわかった。

これらの情報を送ると、田村博士はさっそく打ちっぱなしゴルフ場と交渉し、罠をかけてあっという間にリスを捕獲してしまった。やはりウデが違う。

さらに17年の10月、車を運転していたときのこと。僕の視界の隅に、一瞬だが動物が映った。車に轢《ひ》かれて死んでいたようだった。タヌキと比べるとだいぶ小さく、アカネズミなどの野ネズミ類よりは大きい。

「あれはひょっとして、リスだったんじゃないか？」

慌てつつ安全な場所へ車を停めて、小走りで現場まで戻ってみた。

すると、やっぱりリスだった。野生動物が交通事故に遭うことを「ロードキル」と呼ぶ。かわいそうだが、「この死体はDNA解析に使えるな」と思い、車に常備している手袋とビニール袋を使って死体を回収した。冷凍保存しておき、後日、田村博士に渡す。

こうして、田村博士の手によって、狭山丘陵の外側に棲んでいる複数のリスのDNA解析が行われた。結果は、シロ。今回の解析対象となったリスはすべてニホンリスで、キタリスとの交雑もなかった。ホッと胸を撫《な》で下ろす。ちなみに、僕が拾った轢死体《れきしたい》以外はみんな生きたまま飼育されていたので、解析が終わり次第もとの場所に放されている。

20年度には、環境省も狭山丘陵の外の情報を集める調査を開始した。周辺自治体に協力を要請し、アンケートなどによってリスの目撃やリスの棲みやすい場所の情報を集め始めている。

こうした体制を作り上げつつ、あと9年間同じように調査を続けて痕跡や目撃が1件も出てこなければ、30年の春ごろには狭山丘陵におけるキタリスの根絶宣言が出せるかもしれない。その日まで、この「捕れない捕獲」を油断せずに続けていくつもりである。

コラム　4

鳥の卵を盗む

オオクチバス、アメリカザリガニ、アライグマ、キタリスなど、本書にはさまざまな外来種が登場し、それぞれの根絶が難しいことを紹介してきた。しかし捕獲の難しさという点において、これらよりも上の生物がいる。ガビチョウだ。

ガビチョウは、中国南部から東南アジア北部にかけて広く生息する鳥。見た目は茶色くて地味だが、鳴き声が美しい。そのため愛玩《あいがん》用に輸入され、野生化してしまった。僕が主に活動している東京西部ではかなり増えている。かつては愛されたその美声も、数が多すぎて今では騒音と捉《とら》えられるようになっている。実際、野山に遊びに行っても聞こえるのはガビチョウの声ばかりで、見慣れたはずの風景が変わってしまったように感じることすらある。

なぜ捕獲が難しいかというと、飛翔《ひしょう》するからである。カゴ罠で捕獲を試みている事例もあるが、効率は良くないようだ。巣や卵を駆除することはできるが、それをするとガビチョウはまた新しい卵を産みなおすので、あまり効果がない。

そこで、僕は一計を案じた。ガビチョウが産んだ卵を偽物にすり替え、それを抱かせたらどうだろうか？　親鳥が偽物と気づかず抱き続ければ、繁殖の抑制になるはず。その名も偽卵《ぎらん》作戦だ。

　現在、公園のボランティアさんたちに協力してもらい、作戦を試行している段階だ。作戦の肝となる偽物の卵は、彼らが粘土で製作してくれた。手づくり、3Dプリンターなど、いろいろな方法が試されたが、CADとフライス盤で作成した卵の「型」が使いやすく、安定した形の卵を作れるようになった。これに、ガビチョウの卵の色であるターコイズブルーの塗料を塗って仕上げている。高品質だ。ボランティアの中に、最新機器を使いこなせる人がいたからやれたことだ。

ガビチョウ

偽卵(塗料乾燥中)

　いま課題となっているのは、巣を見つけ出すこと。ガビチョウはササ藪《やぶ》の中に巣を作るので、発見が難しい。親鳥の行動を注意深く観察して、当たりをつけた場所を丁寧に探す。
　これまで、調査によっていくつかの巣が見つかっており、4巣について、親鳥の留守を狙って偽卵を入れた。そのうち1巣では、戻ってきた親鳥は偽物と気づかず、少なくとも1か月にわたって温め続けたことが確認できている。まだまだ手法として確立できてはいないが、今後も試行錯誤を続けて実用的な防除手法にしていきたいと考えている。

またこの作戦を始めてから、ガビチョウの巣がカラスに襲われることが多くなったと感じている。僕たちが一生懸命ガサガサと巣を探しているので、カラスは「そこに何かおいしいものがあるのでは？」と考えて、興味を持つのかもしれない。将来的には、カラスがガビチョウの繁殖を抑えてくれたらありがたいのだが。

第七章

ハンセン病と森

野生生物たちの生息場所としての森。それを守ったり、大切さを伝えたりするために、木や虫や生態系の知識を使う。しかし時には、その知識だけでは守れない森に遭遇することもある。必要となるのは、人権、歴史、人として大切な何か……。本章で紹介するのは、そんな特別な森の話。

森の重み

1997年に公開された映画「もののけ姫」(宮崎駿監督)。映画公開当時、僕は19歳だった。人間による自然破壊、自然との共生、そういったテーマを真正面から、しかもエンターテインメントとして描いた作品で、初めて観たときは頭を殴られるような衝撃を受けたことを覚えている。

この映画の重要な舞台である「タタラ場」の中に、全身を包帯でぐるぐる巻きにした人たちが出てくる。劇中で詳しい説明はされないが、肉が腐る病に侵された「病者」であり、人として扱われなくなったところを、タタラ場のリーダーであるエボシ御前によって救われたと病者自身が語るシーンがある。

当時、映画館に3回観に行ったのだが、メインテーマである自然との共生や圧倒的迫力の戦闘シーンなどに目を奪われて、この「病者」のことはさらっと流してしまっていた。19年後、僕はこの病者が現実の存在をモデルに描かれていたことを知る。
2016年、訪れた東村山市役所の企画政策課から、「ある施設内に残る森の大切さを多くの人に知ってもらいたいのだが、どうしたらよいだろうか」という相談を受けた。その施設とは東村山市内にある「多磨全生園《たまぜんしょうえん》」。

写真7-1　多磨全生園の一風景

ここはハンセン病を患った人々の療養所であり、居住地である。後に詳述するが、ハンセン病は治療法が確立されており、恐れる必要のない病気だ。ところがかつての日本では、治るとわかってからも国による誤った隔離政策がとられ続け、激しい偏見と差別を生み出した。多磨全生園はそれを象徴する場所であり、今もなお故郷に帰ることができない人たちのよりどころでもある。

16年7月、僕は初めてハンセン病療養所多磨全生園を訪れた（写真7－1）。東村山市の企画政策課の職員さんと待ち合わせをして、一緒に園内を歩く。この場所の森をどうやって社会にPRし、後世に残していくか、その作戦を練るためである。

まず感じたのは、ここの広さに対する複雑な感触だ。多磨全生園の面積は約35ヘクタール、東京ドーム7・5個分の広さがある。都市化が進んで住宅地が増えていく現在においては、とても広い緑地だ。だが、人がこの中で一生を過ごすと考えたら、あまりに狭い。たくさんのハンセン病患者が隔離の末にこの中で一生を終えていたのだ。

敷地内には病院施設のほか、国立ハンセン病資料館が建っており、ハンセン病の資料を展示している。また、今も故郷に帰れずここに住んでいるハンセン病の元患者の居住地区がある。驚いたことに、令和を迎えた今でも差別が残っていて帰郷できないという。

ちなみに「元患者」と書いたのは、病気自体はすでに治っていて、現在は後遺症の療養をしているためである。現在は、「入所者」という呼び方をする。

園内を歩いていくと、ところどころに一見して古そうな建物や石碑が残っている。かつての患者たちの宿舎、図書館、火葬場跡の碑など、市の職員さんに話を聞くと、一つ一つにハンセン病の歴史や患者の生き様が刻まれていることがわかってくる。

しばらく行くと、10mほどの小高い山が現れた。たくさんの樹木が植わっていて、庭園の築山《つきやま》のような雰囲気の場所だ。ここは、高い塀と生け垣で閉じ込められた患者たちが、外の世界を見るために作った場所。名前は「望郷の丘」。ここに登って、帰ることのできない故郷の方角を望み、想いを馳《は》せたのだという（写真7－2）。

またしばらく進むと出てきたのは「県木の森」（写真7－3）。入所者が故郷を偲《しの》べるようにと、北海道から沖縄まで、それぞれの出身地の県木が植えられてできた森だ。管理が行き

写真7-2　望郷の丘

写真7-3　県木の森の樹木には、県名と樹種が書かれたプレートが付けられている

届かず、雑草が茂っている場所もあるが、よく見れば1本1本に県と樹種を書いた札がかけられていた。

望郷の丘、そして県木の森を歩き、その話を聞いたとき、ずっしりと重い何かの塊が胸に入り込んだのを感じた。森の大切さを多くの人に伝える、そうした仕事はこれまで幾度もやってきたつもりでいた。だが、今回はそれらとは質が違う。ここの森は、ただの森ではない。入所者の方々の人生と、さまざまな想いが沁《し》み込んだ森なのだ。

僕のような若輩者に、こんな大切な場所を守り伝える、その役割が務まるのだろうか。

ハンセン病と差別

東村山市企画政策課からの依頼で、「多磨全生園を学ぶ講座」という市が企画した5回連続講座のうちの1回について、講師を務めることになった。それに先立ち、まずハンセン病について学ぶことにした。その歴史を知らずしてこの森の大切さを語ることなどできない、そう感じていた。多磨全生園には国立ハンセン病資料館があるので、資料に事欠くことはない（写真7－4）。

ハンセン病は、かつては「らい病」と呼ばれ、不治の病として恐れられていた。らい菌という細菌によって起きる病気で、発症すると皮膚と末梢《まっしょう》神経を侵される。治療法がなかったころは重症化する人も多くいて、手足の神経が麻痺《まひ》して熱さを感じなくなったり、失明したりしていた。また、体の一部が変形することがあり、その外観的な特徴から、ハンセン病の患者は差別の対象となってきた。

写真7-4　ハンセン病資料館

この差別を助長し多くの偏見を生み出したのは、国が行った強制隔離政策だ。明治時代以降、近代化が始まった日本はハンセン病を後進国の象徴とみなし、患者の人権を無視した政策をとった。1931年制定の「癩《らい》予防法」で、すべてのハンセン病患者を根こそぎ療養所に収容し、そこから一生出さないことが決められたのだ。

原因やメカニズムがわかっていない感染症ということであれば、一時的に患者を隔離するというのは理解できないこともないが、「患者撲滅」と「終生隔離」を旗印に強制的に進めたことに大きな問題があった。

各県の警察と医者が患者を探し出し、療養所に強制的に送り込んで隔離する。家は見せしめ的に真っ白になるほど消毒をされたそうだ。こうして、社会からハンセン病を撲滅するという名目のもとで、人々に恐怖心を植え付けることによって、患者本人のみならずその家族までもがひどい差別の対象となった。

また、53年には新しい「らい予防法」が作られ、強制隔離政策の継続が決められた。43年にアメリカでハンセン病の特効薬「プロミン」が開発され、治療法が確立されていたことを国は知っていたにもかかわらず、それを無視し、患者たちの猛反対を押し切って差別・人権侵害の継続を決定した。当時の政治家たちは頭がどうかしていたのかと思ってしまうが、これが人間の差別意識の恐ろしさだろうか。

企画政策課から話を聞き、こうして差別の歴史を学ぶまで、僕は何も知らなかった。「ハンセン病」という名前をなんとなく聞いたことがあっただけで、学ぼうとしてこなかったのだ。とても恥ずかしい。

療養所に収容されたハンセン病患者には、さらなる地獄が待っていた。当時は「全生《ぜんせい》病院」という名称だったが、病院とは名ばかりで実質は刑務所だ。一切の自由は奪われた。「運営は刑務所に一等減じた形で行え」という指令が国から出されていて、なんと牢屋《ろうや》（懲罰房）まであった。

まず入所の際には、すべての所持品を没収された。さらに、故郷の家族に迷惑をかけないためという理由で名前までも捨てさせられた。

脱走を防ぐため、療養所の周囲は空堀やヒイラギ（トゲトゲの硬い葉を持つ樹木）の高い生け垣で囲われていた（写真7－5）。これらの一部はいまも多磨全生園に残っている。また、お金は療養所の中でしか使えない金券が発行されていた。それを持って外に逃げても何も買えず、電車にも乗れないのだ。

写真7-5　ヒイラギの生垣。実際に使われている樹種はヒイラギモクセイ。2021年現在、一部しか残っていない

療養所の運営は府県が行っていたが、予算や人員が慢性的に不足していたため、患者自身に労働を強いた。食事づくり、掃除、洗濯、大工仕事、農作業、重傷者の看病など、患者なのに働かなければならない。病気で失明した人まで洗濯などの労働をしていたし、子どもも働かされた。こうした作業が、患者にとっては日々の食料やわずかな賃金（金券）を得る手段となっていたが、かなりの重労働であり、病状の悪化を招いたという。

患者同士の結婚は許されたが、ハンセン病が遺伝すると信じられていたため、子孫を残さないように断種や堕胎をすることが結婚の条件とされた。

園の運営に不満を言ったり、従順に働かなかったりすると懲罰房に入れられ、24時間体制の監視下に置かれて労働を強制された。

本当にこれは刑務所だ。いや、刑務所は刑期を終えれば出所できるが、患者はそれもできないのだから、刑務所よりひどい。悪いことなど何もしていないのに、である。

患者が亡くなれば、患者の葬式のために患者のお坊さんが来て、患者専用の火葬場で焼く。患者のための寺も墓も作られた。患者たちの生活、そして人生は多磨全生園内で完結する、いや、完結させられていたのだ。

驚くことに、ハンセン病患者の人権を踏みにじってきた「らい予防法」が廃止されたのは1996年で、最初の癩予防法が制定されてから65年も経ってからのことだった（らい予防法の廃止に関する法律の可決）。しかし、その廃止法に国の責任は明記されず、補償もまともには行われなかった。

国の責任が明確になったのはさらに5年後の2001年、隔離政策が憲法違反であるとして元患者たちが国を相手取って起こした裁判においてであった。時の内閣総理大臣が国の責任を認め、早期の全面解決を図るために控訴を行わない判断をしたため、元患者の勝訴が確定。この裁判への参加・不参加にかかわらず、すべての患者・元患者に対して最大で1400万円の補償金が支払われると発表された。

19年には、「患者の家族」も隔離政策の被害者であるとして、元患者の家族らが国を相手取って裁判を起こした。こちらも時の内閣総理大臣が国の責任を認め、元患者家族の勝訴が確定。最大180万円の補償金が支払われることになり、同年にそのための法律も作られた。

人生を奪われた人々にとって少なすぎる金額だとは思うが、国が責任を認めたことは、ハンセン病の歴史において極めて大きな出来事だ。元患者や家族たちの想いは、言葉では言い尽くせないものであったろうと想像する。と同時に、これが平成から令和にかけての出来事であることに驚愕《きょうがく》させられる。本当につい最近までこのような状況であったのだ。

今はハンセン病に感染しても、薬によって完全に治すことができるし、遺伝もしないことがわかっている。ハンセン病は、とっくに怖くない病気になっている。だが、差別はいまだにあるという。ハンセン病の元患者が身内にいるとなれば、いじめや差別を受ける。家族が遺骨の受け取りを拒否することも少なくなく、死んでも故郷に帰れないというのだ。そのため、納骨堂が多磨全生園の敷地内に建てられている（写真7-6）。

ご自身もハンセン病の元患者で、多磨全生園の入所者自治会の会長も務められていた平沢《ひらさわ》

写真7-6　林の中にひっそりとある納骨堂

保治《やすじ》さんという方がいる。ハンセン病元患者たちの人権回復に生涯をかけて尽力されてきた方なのだが、その平沢さんが講演の中で「火葬場の煙としてしか故郷に帰れない」とおっしゃっていたのが、頭から離れない。人の心に1度根付いてしまった「間違った知識」や「差別の意識」は簡単には変えられないようだ。これについては、映画「あん」（河瀬《かわせ》直美《なおみ》監督）でリアルに描かれている。

故郷に帰れず、家族に会えない寂しさ。差別と不当な扱いを受け、完全に社会と切り離された狭い空間で生きるしかない悔しさ。子どもを持つことも許されず、自身の体は病に蝕《むしば》まれて不自由になっていく。どれだけ辛《つら》かったろう。ハンセン病患者は日々何を思い、何を糧に毎日を生きていたのだろう。想像することすら難しい。

現在、日本全国に多磨全生園と同様の国立療養所が12か所（多磨全生園を含めて13か所）、私立の療養所が1か所あり、元患者の方々が静かに暮らしておられる。

人権の森構想

資料館を見学、そしていくつかの書物を読み、ハンセン病と差別の歴史についてはある程度知ることができた。次は、多磨全生園という土地と森の歴史について学ぶ必要がある。資料館の中に図書室があり、ハンセン病や多磨全生園に関するたくさんの資料が集められている。僕はここで本を読み漁《あさ》った。

多磨全生園（当時の全生病院）があった場所は、かつては広大な森だったようだ。患者たちが書き記した文献「倶会一処《くえいっしょ》」には、松や杉の大森林だったという記述がある。また、他の資料には昔ながらの雑木林だ、ともある。

この森を切り拓《ひら》き、1909年に全生病院が開院した。このとき、敷地面積は約10ヘクタールだったが、入所者が増えるのに伴って徐々に拡張された。そのたびに、患者たちが自分たちの手で森を切り拓いてきた。現在では、総敷地面積は約35ヘクタールとなっている。

ということは、当時広がっていた森の名残が現在の多磨全生園の森なのか。と思いきや、そうではないらしい。戦争によって物資が不足した折には、園内の木がすべてと言っていいほど伐《き》られたという。

45年に終戦を迎え、その後まもなく園内の緑化が始まった。入所者たちの寄付金などによって様々な樹木の苗が植えられた。

77年には「一人一木運動」が始まる。入所者一人一人がなけなしのお金を出して苗木を買い、それを植樹するもので、木には植樹した人の名札がかけられている。

83年には、前述の県木の森運動が始まる。47都道府県の「県木」でできた森だ。

また、55年、そして2007年に大規模な桜の植樹が行われ、桜並木とさくら公園がつくられている。現在の多磨全生園は、桜の名所としても知られている。

こうしたさまざまな活動によって、園内には252種3万本の樹木が植えられたそうだ。戦後から高度経済成長期を経て現代に至るまで、日本全国で都市化が進んで自然がなくなっていく一方、多磨全生園の中では入所者の手によって緑が育《はぐく》まれてきた。ここには、元ハンセン病患者である入所者たちのさまざまな想いが込められているが、その一つに「地域への感謝」があるという。入所者自治会元会長の平沢保治さんが、講演の中で語っている。

「いつの日か、何十年後か、自分たちはいなくなる。そうなっても、自分たちを受け入れてくれたこの地域に、お礼として森を残そう」

その想いは徐々に実を結び、多磨全生園は、いまでは地域の人々がたくさん訪れる憩いの場として、そして人と人をつなぐ、地域にとって大切な場所となっている。

そしてもう一つ、多磨全生園はハンセン病と差別の歴史を忘れないための場としても、大切な場所だ。森も、歴史ある建物も、ここにあるものすべてが、入所者たちの生きた証《あかし》である。そこで、これらを丸ごと保存し、メモリアルパーク「人権の森」として後世に伝えようとする「人権の森」構想が２００２年に入所者自治会によって立ち上げられた。

写真7-7　ハンセン病患者の住居だった山吹舎。戦前に建てられたものを補修して残してある

現在、この構想の実現を国に要請し、東村山市は普及啓発などでそれを支援している。宮崎駿先生もこの構想の立ち上げに深くかかわり、また山吹舎《やまぶきしゃ》（写真７－７）など歴史的建造物を保存するために多額の寄付もされているという。

ここまで学んできて、ハンセン病や差別と戦ってこられた入所者の方々の考えの一端が見えてきた。

「望郷の念と地域への感謝の想いから、森をつくろう」

「ハンセン病と差別の歴史を省みる場、そして自分たちが生きた証として、森と史跡を残そう。自分たちがこの世を去っても、それらは人権の森として残り続けるだろう」

入所者が一人もいなくなったら、ハンセン病療養所そのものがなくなるのではないか、そんな噂もある中、この場所を将来世代に引き継ぐために、「人権の森」構想を立ち上げたのだ。園内の本格的な緑化運動が始まった1970年代には、すでにこれらの計画は始まっていたと言えるだろう。なんて壮大な計画なのだろう！

こうして、ようやく自分自身の役割が明確になった。一言で言えば、東村山市が支援している「人権の森」構想の普及啓発、そのお手伝いだ。最初の一歩は、この特別な森に一人でも多くの市民に足を運んでもらい、楽しみながら知ってもらうことだろう。

人権の森に宿る命

人権や歴史から見て大切な森だということはわかったが、自然環境としてこの森にはどのぐらいの価値があるのだろう。言いかえれば、野生の生き物たちにとって棲《す》みやすい森なのか、という科学的なアプローチである。そこにも価値が見いだせれば、多磨全生園の森を残していく理由が一つ増えることになる。僕が協力できるのはその点だろうと思うし、企画政策課からもそれを期待されている。そこで、まずは園内をくまなく歩いてみることにした

（写真7－8）。

現地確認をするにあたって、助《すけ》っ人《と》としてNPOバースの同僚の金本さんを呼んだ。彼は、非常に高い生き物発見能力を持っている。また、実は彼も宮崎アニメの大ファンなのだ。「もののけ姫」の話題をふると、一人で延々と映画のセリフを喋《しゃべ》りだすというオタクである。

写真7-8　多磨全生園の森

10月の曇りの日。二人で森を歩き出すと、いきなりすごいものを発見した。太い桜の木の根本に、ハトの羽根が散乱している。これは猛禽類《もうきんるい》がハトを食べた食《しょ》痕《くこん》だ。おそらく食事の主はオオタカだろう。オオタカは鳥を食べる鷹《たか》だ。獲物を捕らえたら、安全な場所に運び、羽根をむしってから食べる。この地域の生態系の頂点の生物が、安心して食事できる場としてこの森を利用している。これはとても重要な情報だ。

しばらく進むと、森の中に落ちている木の枝の前に金本さんがしゃがみこんだ。金本センサーに反応があったらしい。見ると、彼が拾い上げた落ち枝にコクワ

写真7-9　無毒のヘビ、ヒバカリ

ガタが卵を産み付けた跡がある。

太いクヌギの丸太を転がすと、下からはぷりぷりと太ったカブトムシの幼虫が出てきた。これなら、子どもたちが虫採りをする場所としても良さそうだ。ハンセン病資料館と納骨堂の間の薄暗い道に差し掛かったときには、足元に小さなヘビがニョロリと出現した。ヒバカリだ（写真7－9）。昔は毒蛇だと信じられていて、「嚙《か》まれたら命はその日ばかり」と言われていたためにその名がついたという。実際には毒はない。東京の北多摩地域では絶滅危惧《きぐ》Ⅱ類の希少種である。

下見の終盤、常緑樹が繁茂する暗い森を探索しているとき、金本さんが小さく叫んだ。

「フクロウ！」

こちらに気づいてすぐに飛び去ってしまったが、なんとフクロウがこの暗い森を寝所《ねどこ》として使っていた。オオタカが生態系の昼の頂点なら、フクロウは夜の森の頂点だ。都市域ではかなりレアな存在で、絶滅危惧ⅠB類である。

いる。多磨全生園の森には、多くの野生生物が生息している。入所者がつくってきた森は、自然環境という面から見ても重要な場所になっていることがわかってきた。

また、多磨全生園の森がいわゆる「自然林」とは違うことも再確認した。人の手によって植えられた樹木の多くはツバキやサザンカといった園芸植物や県木などで、東村山市に自然に生えていた樹木ではない。

一方で、土の中に残っていたり、鳥や風によって運ばれてきたりした種が発芽し、地域在来の樹木や草も存在している。植えられた園芸樹木と在来植物の混在、これが多磨全生園の森の個性的なところだ。

この混在具合も一律ではない。園内の森は広く、場所によってタイプが異なっている。ソメイヨシノを中心とした明るい林、フクロウが棲む暗い森、木漏れ日が注ぐ雑木林などなど。場所場所の歴史が反映され、樹種構成や管理方法の違いと相まって雰囲気が全然違うし、生息している生き物も異なっていて面白い。

この個性、複雑さが多磨全生園の森の特徴なのだ。講座では、ぜひ参加者みんなにこのことを知ってもらおう。

多磨全生園を学ぶ講座

2016年の「多磨全生園を学ぶ講座」では、室内講義と野外観察を組み合わせて行うことにした。森とは何か？　植物の種類の調べ方とは？　といったことを講義で学んでもらってから（写真7－10）、園内を歩く。

写真7-10　室内の講義の様子

下見のときに見つけた生き物についても、本物の食痕や用意しておいた写真を見てもらいながら紹介する。「身近にこんな生き物が棲んでいるなんて！」僕や金本さんが感じた驚きや感動が、参加者にも伝わっていくのがわかる。

また、最近の多磨全生園は草地の面積が増えてきている。入所者の高齢化が進んで亡くなる人が増えているためだ。居住棟が減り、更地が拡大している。寂しいことではあるが、そこにできた草地は、バッタたちの良い棲みかになっている。第五章で紹介したとおり、草地環境は日本では激減しているので、こうした場所も貴重なのだ。

この草地には、ある遊びをするために立ち寄った。まず、草地の真ん中に白い布を広げる。次にそれを丸くとり囲むように、参加者全員で大きな輪を作って手をつなぐ。最後に、全員ですり足前進しながら、白い布に向かってその輪を縮めていく。そうすると、草地に隠れていたさまざまな昆虫たちが、追い立てられて白い布の上に集まってくるのだ。僕たちはこれを「バッタの追い込み漁」と呼んでいる（写真7－11）。

写真7-11　バッタの追い込み漁

バッタ類、カメムシ類、ヨコバイの仲間などがゴチャゴチャッと大量に集まって、参加者の皆さんからワッと歓声が上がった。いつ見ても壮観だ。細かいものも数えたら、１０００匹を超えているかもしれない。パッと見ではわからない生物の豊かさを感じてもらうには、効果的な遊びである。

もちろん、県木の森や人権の森構想についても紹介した。参加者の一人でも多くの人が、この森の大切さを感じ、そして人権の森構想に賛同してくれたら。そう祈りながら解説し、講座は終わった。

たいへんうれしいことに、この講座は参加者から好評をいただき、翌17年も依頼をいただいた。基本的な内容は前年と同じだったのだが、当時の入所者自治会長であった平沢保治さんが飛び入りで参加され、イベントの最後には10分間ほど貴重なお話を聞かせてくださった。ハンセン病と差別の歴史について、僕にとっては初めて当事者から聞く瞬間だった。展示物や文献資料だけでは感じることのできない重みと生々しい感触があり、参加者だけでなく僕も金本さんも聞き入ってしまった。そしてその中で「久保田さんのお話の中に、私の人生のことがたくさん入っていました。良い講義をありがとう、今後も力を貸してください」というお言葉をいただき、不意に胸が熱くなった。

1年おいて19年、3度目の講座開催が決まり、また講師を依頼された。この年は多磨全生園創立110周年記念だったので、その記念事業としての開催だ。講座名も「親子で学ぶ多磨全生園」に変わった。

今回はバース自然環境マネジメント部の舟木くんの協力を得て、内容を大きくリニューアル。園内の見てほしい史跡、見つけてほしい生き物を地図上に示し、それらを探して歩くゲーム形式にした。家族対抗のオリエンテーリングで、「親子で探そう！ 全生園の生きものしらべ」というタイトルを付けた。自然と歴史、両方の内容を入れ込むことで、幅広い世代が楽しめる内容にすることが狙いである。

イベントは好評だった。狙い通り、親にも子にも楽しんでもらえたようだ。参加者からは、

「自然がたくさんあって驚いた」

「近くて遠かった多磨全生園が身近になった」

「入所者の望郷の気持ちがこもった美しい自然を残したい」

そんな感想が寄せられ、企画側の一人としてとりあえず安堵《あんど》した。

平沢保治さんの言葉

19年の講座では「語り部講演」の時間があり、僕は再び平沢さんのお話を聞く機会を得た。前回は平沢さんが飛び入りだったこともあり短い時間だったが、今回は30分。

子どもたちのためにやさしい言葉を選びながら、平沢さんがご自身の経験を語る。あらためて聞いても、壮絶だ。これが近代日本で起きたこととは、信じがたい。だが、ここで一つのことに気がついた。平沢さんの話は壮絶だが、暗い感じがしない。淡々と事実を語り、恨みつらみの言葉はまったくないのだ。

「子どもたちは宝物だ。命を大切にしてほしい。自分たちの経験を糧に、若い人たちには自由に楽しく生きてほしい。明るい地域社会を築いてほしい」

筆舌に尽くしがたい苦しみの中を生きてきた平沢さんの口から語られたのは、自分の苦し

みの訴えでもなく、国を恨むことでもなく、子どもや若い世代の幸せを祈る言葉ばかりだった。

どうしてこの人は、これほどの目に遭っていながら他人の幸せを祈れるのだろう。平沢さんの人としてのあまりの大きさに、尊敬と感謝の気持ちで胸がいっぱいになり、危うく人前で泣いてしまうところだった。

2021年4月1日現在、多磨全生園の入所者数は128人となった。その平均年齢は86・9歳と、高齢化が進んでいる。入所者がいなくなってしまう前に、多磨全生園を人権の森として将来世代に残すことを確実なものにしたい。3回の講座で僕にできたのはほんの小さなことだったが、もっとできることがあるはずだ。

いま勝手に頭の中で妄想を膨らませているのは、多磨全生園の敷地の中に池や湿地を作ること。森や草地に加えて水辺環境をつくれば、カエルやヘビが増えて、生物の多様性はさらに高まると思う。また、草地にはチガヤやススキを増やして、カヤネズミやホオジロが巣づくりできるようにしたい。多磨全生園はこの地域の自然の核として、より重要な場所になっていくポテンシャルを秘めているし、そうなっていくことで公園として残していく意義も高まるはずだ。

同時に、地域の人々が集う場所として、子どもたちが遊び成長するための場所としても重要になっていくだろう。閉ざされた場所だったからこそ、地域に開かれた場として活用されていくことは大きな意味を持つし、それこそが入所者の方々の願いだ。

これを読んでいるあなたにも人権の森構想に賛同し、協力してもらえたならうれしい。支援の方法はいろいろあると思うが、その一つにふるさと納税がある。東村山市では「多磨全生園の豊かな緑と史跡を『人権の森』として守り育てる」というのを税金の使いみちとして指定することができる。ご一考いただけたら幸いである。

ハンセン病患者が自由を諦《あきら》めなかったように、平沢さんが人権回復に生涯を賭《と》してこられたように、僕も多磨全生園の森を残すことに少しでも貢献し、そして日本の自然環境の保全に生涯をかけていくつもりだ（写真7－12）。

写真7-12　多磨全生園内にある「いのちとこころの人権の森宣言」の碑

第八章　アナグマの父親になりたい

最後の章はニホンアナグマ（以下アナグマと表記）の赤ちゃんを育て、野生に帰すまでの10か月間の奮闘記。野生の哺乳《ほにゅう》動物を目にする機会はめったにないが、アナグマは隣人（獣）といっていいほど人間のすぐ身近にいる。そんな彼らの呑気《のんき》で、愛らしい姿を知ってほしい。

捨てられたアナグマ？


2013年の5月なかば、事務作業をしていると、公園スタッフから1本の電話が入った。

「なんか変な動物の赤ちゃんが駐車場の隅に捨てられているそうです。犬でも猫でもないみたいですが、どうしますか？」

犬猫ではない動物？

野生動物を捨てる？

この二つが引っかかったが、とりあえずその動物が見つかった狭山公園へと急いだ。管理所に着くとテーブルの上に段ボール箱が一つ置かれていた。そっと覗《のぞ》き込むと……なんと3頭もいるではないか。まだ目も開いていない赤ちゃんだが、両目の上に特徴的な模様があり、ひと目でそれとわかった。

これはアナグマの赤ちゃんだ!!

そっと抱き上げてみると「ぎゃぎゃぎゃぎゃぎゃぎゃ!!」と鳴く。狭い箱の中で3頭がくっついていればおとなしいが、引き離すと途端に全員が「ぎゃぎゃぎゃぎゃぎゃぎゃ！」である。それは初めて聞く声だった。トウキョウダルマガエルの声をキンキンにしたような声、とでも言おうか。3頭が部屋の中で鳴き出せば、電話するのが不可能なぐらいの大音量。まるで警報だ（写真8－1）。

3頭のうち2頭は目が開いていなかった。後ろ脚にはまだ力がなく、足の裏が上を向いている。やわらかな肉球が丸見えだ。しっぽは短く、なんとなく存在感が薄い。

なぜアナグマの赤ちゃんが公園にいたのか、その疑問は消えないが、段ボールを被《かぶ》せられていたそうなので、人の手が関与している可能性は高い。

写真8-1　けたたましく鳴くアナグマの赤ちゃん

アナグマは漢字で「穴熊」と書くが、熊の仲間ではない。また、見た目がややタヌキに似ているが、タヌキの仲間でもない。生物分類学的にはイタチの仲間だ。

アナグマの特徴は、なんと言っても穴掘り上手なことである。日本の中型哺乳類で積極的に穴を掘るのはアナグマとキツネぐらいだが、アナグマは長く強力な爪と頑強な身体を持っているため、キツネよりも硬い地面に穴を掘ることができる。直径30～40㎝ほどの穴を深さ数ｍにもわたって掘り、そこを自宅にする。とても快適そうで、人間以外に生まれ変わるならアナグマは有力候補だなと思う。

自分の縄張りの中に最低一つ、多いときは何か所も巣穴を掘り、そこを拠点として行動している。基本的には夜行性だが、昼間にトコトコ歩いているのを見たこともある。雑食性で、特に好きなものはミミズ。

昔から狩猟対象で、人はその肉や毛皮を利用したり、地域によっては脂肪を薬として使ったりしたらしい。タヌキに似ていると書いたが、実際昔からかなり混同されていたようで、いわゆる「タヌキ鍋《なべ》」というのはアナグマ鍋のことである。肉はとてもおいしいと聞くが、こんなにかわいい赤ちゃんの姿を見てしまうと、ちょっと食べる気になれない。

育てる許可を得る

さて、こんなときにどう対処するかというと、まずは役所に電話である。野生の哺乳類と鳥類を無断で捕まえたり飼育したりすることは法律で禁じられており、基本的には役所に任せるしかないのだ。まずは保護を依頼してみる。

すると役所からは、以下の返答があった。

「赤ちゃんは対応できないです。もといた場所に戻してとしか言えません。哺乳類にしろ鳥類にしろ、子どもの個体は飼育中に人に懐いてしまう可能性が高いので、対応しないことになっているんです」

これは予想外の返答だ。しかし口調や言葉の端々から、役所の担当者の「本当は助けてあげたい」という気持ちをひしひしと感じた。

こうなると、選択肢は三つ。

①もといた場所に戻す
②動物園に引きとってもらい、展示動物として死ぬまで飼育する
③自分の手で育て、野生に帰す

①は自分の中ではあり得ない選択肢だった。人間によって運ばれた可能性が高く、親と再会できる可能性は極めて低いだろう。目が開いていない状態では、あっという間に飢えるか、カラスの胃の中に収まるかだ。もちろん、それが自然だという意見があることも承知している。

昔のように自然がどこにでもあって、動物がたくさんいた時代ならそれでよかっただろう。だが、いまや東京の自然はどんどん減り、緑地は分断化・孤立化し、動物の数は大きく減った。アナグマは、ここ東京都の北多摩地域では準絶滅危惧《きぐ》の希少種だ。これは、保護したほうが東京都の自然を守ることにつながるはずだ。

②は一番無難な手段だろう。動物園なら飼育のプロが揃っている。しかし、ちょっと待てよ、と思う。前に書いたとおり、アナグマはここ東京都では希少種。それを3匹も、自分の手で自然界から取り除いてしまうのは非常に面白くない。

そんな理屈抜きにして、実は最初から頭の中では③ばかりを考えていた。こちとら3度の飯より生き物が好きなのだ。守ってやりたいし飼育もしてみたい。ただ、問題がある。

第一に、自分のやっている公園管理という仕事の中でそれが許されるのか。上司、同僚、その他もろもろの理解と協力を得なければならない。第二に、技術的に可能なのか。しっかり育てられるのか？　そして、野生に帰せるのか？　しかし、不安はそれほど感じなかった。すでに僕は、目の前にいる3頭の毛玉たちに魅了されていたのだ。

NPOバースの折原代表に話を持っていくと、あっさりOKが出た。仲間たちもこぞって協力してくれることになった。ありがたい限りだ。

とはいえ、とにかく行政の許可がないと野生動物は飼えない。そこで行政の担当者に再び電話をする。

「では、東京都からそちらに保護を依頼するという形で許可を出しましょう」と言ってくれた。やった！　やはり、彼らも本音ではアナグマの命を助けたかったのだ。

こうして、僕はアナグマの仮親をすることとなった。

「大丈夫、きっと森に帰してやるからな」

アナグマにミルクを飲ませよ

さて、アナグマを合法的に飼育するための手続きをしながら、焦っていたのは餌の確保であった。目が開いていない赤ちゃんであれば、頻繁にミルクを飲ませる必要があるはず。保護した時点ですでに長時間の絶食状態だった可能性もある。アナグマの口に指を持っていくと、チュッチュと吸い付いてきた。慌てて近くのペットショップに駆け込む。

当然のことだが、アナグマ用のミルクなんていう商品は置いていない。少し悩んで、犬用の粉ミルクを購入。アナグマは雑食性なので、肉食性が強い猫よりも犬のミルクが合うのではないかと思ったからだ。初めての授乳はなんだかうまくいかなかったが、なんとか飲ませ、段ボールに入れて自宅へと連れ帰る。

家では妻が、「かわいいたまらん」と大喜び。妻も僕と同じように自然を守りたい人間なので、野生動物の赤ちゃんを世話するのは喜び以外の何物でもない。

夜12時にミルクを与えて、この日は就寝。いろいろとバタバタしたけれど、アナグマとの出会いは刺激的で、とても楽しい一日だった。今日はいい夢が見られそうだ。そう思ったのも束の間、朝4時に起こされた。アナグマたちがごそごそと動き始め、小さく鳴いたりしている。どうやら4時間に1回の頻度でミルクを与えねばならないようだ。これはなかなか大変かもしれない。妻が協力的なのが心強い。

ミルクでお腹いっぱいになった後は、スキンシップがあればすやすやと眠る（写真8－2）。抱っこして、なでなでしてやるのだ。最初は人馴《ひとな》れしてしまうことを懸念して及び腰だったのだが、いろいろ調べていくうちに、傷病鳥獣の保護や野生復帰で有名な福島県鳥獣保護センターの溝口俊夫《みぞぐちとしお》獣医師が書いた文献に行き当たった。

その中には「スキンシップが疎《おろそ》かになると、いつまでも精神的に独立しないタヌキやキツネになってしまうことが間々見受けられる」とあったのだ。そうか。野生動物も人間と同じなんだなあ。

その後は躊躇《ちゅうちょ》なく抱くようになり、子育てをより楽しめるようになった。野生に帰すときが心配ではあるが……。アナグマの飼育にマニュアルはない。すべてが試行錯誤だ。

寝ているときは無防備なので、体をじっくりと観察することができる。お尻《しり》を確認して、

2頭がオス、1頭がメスであることがわかった。

　そして、さらに面白いことに気づいた。お尻には生殖器と肛門《こうもん》以外に、もう一つ穴があるのだ。これは臭腺《しゅうせん》（写真8－3）。ニオイ物質を分泌する穴である。イタチの最後っ屁《ぺ》という

写真8-2　人に抱かれて熟睡するアナグマの赤ちゃん

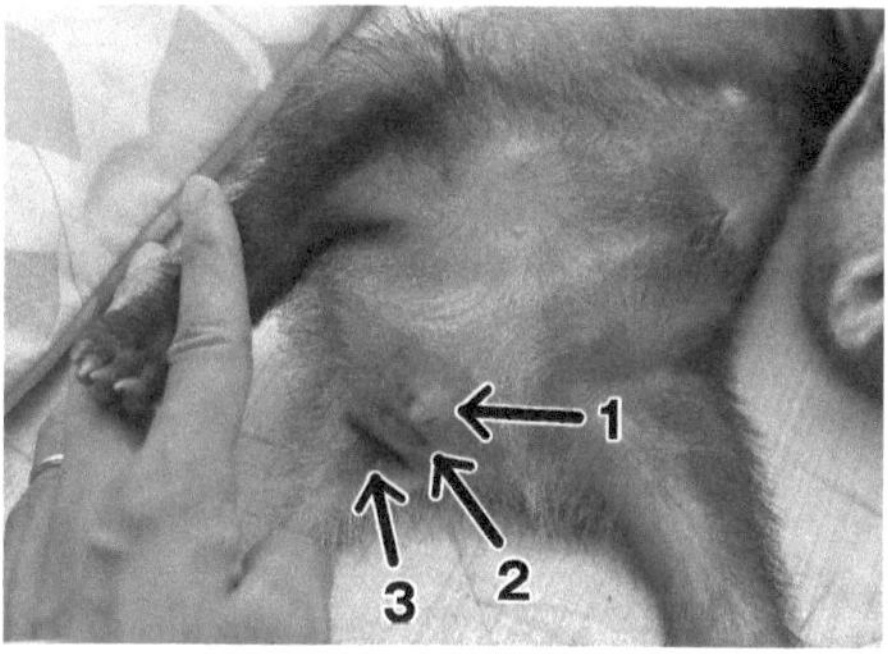

写真8-3　アナグマのお尻（1:生殖器、2:肛門、3:臭腺）

言葉があるように、イタチ科は臭腺を持っていることで知られていて、強烈なニオイを出すスカンクも同様に有名だ。アナグマにも臭腺があるんだなあ。ちょっと感動した。

しかし、アナグマたちは全然臭くない。本当に無臭というか、獣のニオイみたいなものがまったくない。大人になると臭いのを出すようになるのだろうか？

アナグマがハゲた

飼育を継続していくにあたり、アナグマに名前をつけた。「リク・カイ・クウ」だ。元気なオスのリク、気弱なオスのカイ、そしてメスのクウ。

行政から飼育の許可が得られ、授乳もうまくいきだした。ペット用のキャリーケースにアナグマたちを入れて毎日職場に出勤し、仕事が終われば一緒に家に帰る。4時間に1度の授乳でやや寝不足ではあるものの、最高に楽しい飼育ライフだ。

赤ちゃんとはいえ野生動物なので、野外の環境に慣れさせなければいけない。それに体力もつけさせなければと思い、公園や自宅近くの森の中で散歩させることも始めた。すると、自然の中でアナグマたちが見せる様々な行動から、3頭の性格の違いがはっきりとわかるようになってきた。

元気で大きいリクは恐れ知らず。だいぶしっかりしてきた足取りで、初めての場所でもどんどん先に進んでいく。気弱なカイは置かれた場所から一歩も動こうとせず、ひたすらに鳴いて助けを求める。慎重派のクウは、まわりの様子をうかがいながらリクの後を追っていく。面白いなあ、なんだか人間みたいだ。

もしかしたら、これも生存戦略なのかもしれないなと思う。グイグイと新たなエリアに分布を広げる個体もいれば、しっかりと既存の生息地を守る個体もいて、そのおかげでアナグマという種が存続していけるのではないだろうか？

首輪やリードは付けていなかったが、逃げたりはしなかった。時にはじゃれあい、時には一心不乱に穴を掘り、鳴いてばかりのカイも徐々に慣れて、3頭がそれぞれの方法で野外の遊びを楽しんでいるようだった。

さてこのころ、一つ問題が発生した。アナグマたちの体毛がバサバサと抜け落ち始めたのだ。保護して以来、野生動物の診察ができる植松一良《うえまつかずよし》獣医師（現、アジアパシフィックベテリナリーサービス代表）に診てもらっていたが、彼によると、病気ではないという。

そうなると、脱毛の原因の一つとして考えられたのが、栄養の偏り。犬のミルクだけでは不足する成分があるのかもしれない。大きさからいってそろそろ離乳食を始めるべきだろうと植松獣医師から指示され、さっそく犬用の缶詰離乳食にチャレンジしてみた。

すると、前脚を突っ張って僕の手を必死にブロックし、全然食べてくれない。むりやり口に入れると少しは舐《な》めてくれるのだが……しばらく攻防を続けたが、結局は服も床も離乳食でドロドロになっただけだった。

その後も毎晩チャレンジするがまったく食べてくれない。ハゲは進行し続け、ついにほとんど丸ハゲになってしまった。まるまると太っていることもあって、まるで子豚だ（写真8－4）。

仕方がないのでまた植松獣医師に相談すると、ミルクに混ぜるビタミン剤を処方してくれた。錠剤なので、これを砕いて粉にし、ミルクに混ぜて飲ませる。

これが効いた。2週間も与えるとだいぶ毛が生えてくる。しかし飲ませるのをやめるとまたハゲてきてしまうので油断がならない。その後、食事がミルクから固形物へと移行したら、次第にハゲなくなっていった。

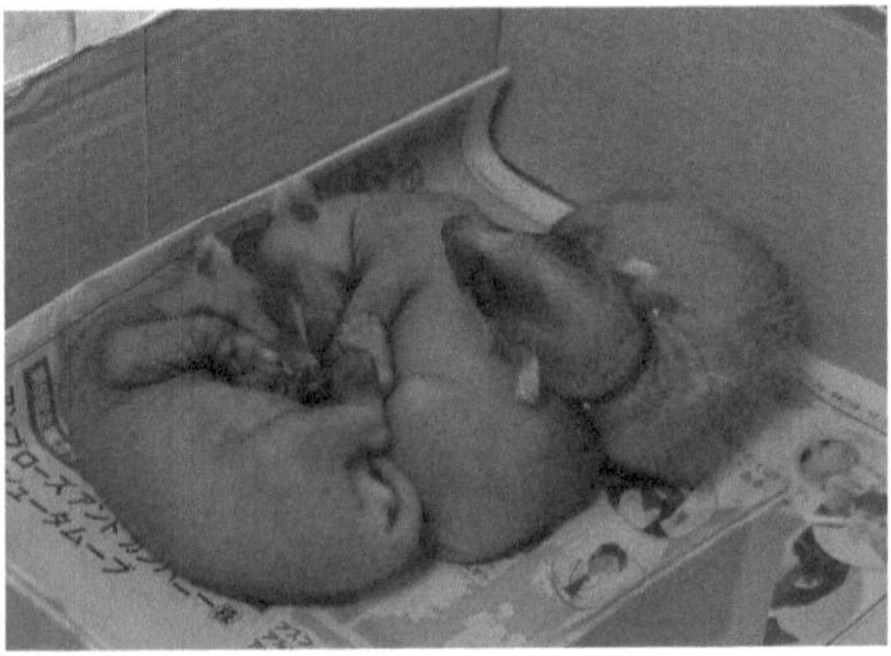

写真8-4　ハゲて子豚のようになったアナグマ

アパートで運動会

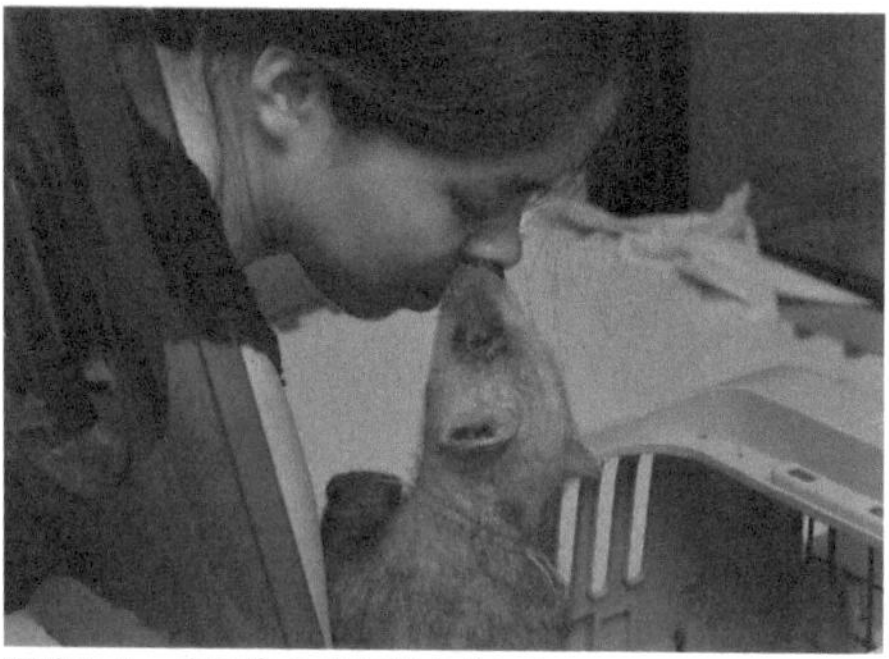

写真8-5　妻の鼻の穴に鼻を入れる

保護から3週間。アナグマたちの体重は1kgに達した。保護したときが500g前後だったから2倍だ。もうしっかり歩くし、よく遊ぶ。

遊び相手をしていると、アナグマはその鼻を僕の鼻の穴にぐいっと入れてくることがある。最初は偶然か、あるいはただの遊びかと思ったが、あまりに頻繁にやってくるのでこれはアナグマの習性だと気づいた。アナグマは狭い空間が好きで、隙あらば鼻でこじ開けて潜り込もうとする。加えて、アナグマはニオイを嗅《か》ぐときに対象物に鼻をくっつけるので、そのせいもあるだろう。もしかしたら嗅覚《きゅうかく》はそれほど鋭くないのかもしれない（写真8－5）。

大きくなってミルクを飲む勢いが増したが、順番待ちさせられているときの「はやくちょうだい」も激しさを増した。あまりに必死に飲みたがるのでかわいそうになり、少しでも早く提供しようと、僕は2本の哺乳瓶を使って2頭同時にミルクを与えるスキルを身につけた。アナグマも犬や猫と同じように母親のお腹を手で押しながら飲むしぐさをするので、2頭同時はそれなりに難しい。

保護から4週間経つと、アナグマたちがとうとう離乳食を食べた。柔らかい鶏肉《とりにく》にミルクをかけたものだった。やはり先陣を切ったのはリク、続いてクウ。数日遅れてカイも食べてくれた。食事・栄養の問題はこれで一歩前進。3頭とも走ることができるようになり、いよいよにぎやかだ。

保護から5週間。一番大きなリクの体重が2kgを超えた。成長が著しい。なんとカリカリの乾燥ドッグフードを食べるようになってきた。栄養摂取に関してはもう心配なさそうだ。

このころは、僕と妻の体には生傷が絶えなかった。アナグマたちはじゃれついているつもりだろうが、手加減が下手くそ（あるいは手加減する気なし）なので、噛《か》まれるととにかく痛いし、爪も鋭い。

リビングはすっかりアナグマの運動場と化し、毎晩のようにマラソンや激しいプロレスが行われる。元気なのは良いことなのだが、問題はこの当時の我が家が賃貸アパートの2階だったということである。対策として、ホームセンターでクッションマットを購入し、フローリングの床に敷き詰めた。これで多少は足音を軽減できるはず。

とはいえ、いつ苦情が来るかという不安は消えなかった。ピンポーンと呼び鈴が鳴るたびに「ついに苦情が来てしまったか⁉」と焦るのは、なかなかのストレスだった。

また、困るのが糞尿《ふんにょう》だ。量が増えたことに加え、行動範囲が広がってそこらじゅうにしてしまう。獣特有の体臭も糞尿のニオイも大したことはないのだが、書類や大事なポスターにシミが……！　アナグマたちと一つ屋根の下で暮らすのも、そろそろ限界かなと感じるようになっていた。

写真8-6　アナグマ舎

アナグマ舎への引っ越し

保護から6週間。アナグマとの自宅同居生活にピリオドを打つことにした。寂しいと思う一方、近隣住民から1度も苦情が来なかったことに安堵《あんど》してもいた。

アナグマたちの新居は、実はずいぶん前から準備してあった。狭山公園のバックヤードにある小屋だ。地面は土で、屋根は金網。雨が降れば濡《ぬ》れる構造だ。そこをアナグマ舎とし、3頭を放った（写真8－6）。

何もない開放的な空間だとアナグマたちが落ち着かないと思い、管理所に放置されていた犬小屋を新居の隅に置いてみた。それでもやはり落ち着かず、3頭が身を寄せ合ってキョロキョロしたり、小さく鳴いたりしている。初めての場所だから無理もないだろう。

しばらくして様子を見に行くと、アナグマ舎が妙に静かだ。そっと覗き込んでみても姿が見えない。ははーん、やはり犬小屋の中に落ち着いたんだな。そう思いながらアナグマ舎に入り、犬小屋の中を覗くと、いない。消えた！　いきなり脱走か!!　どこに出られる場所があったんだ!?

一番恐ろしいのは交通事故だ。公園のまわりには交通量の多い道路がたくさんある。嫌な想像が膨らむ。捜さなきゃ！

アナグマ舎を飛び出そうとした瞬間、犬小屋が揺れた。あれ……？　すると、リクが犬小屋の下からひょこっと顔を出した。犬小屋の下に穴を掘って地下に隠れていたのだ。

「あー、焦った！　ビビらすなよ。もう！」

アナグマ相手に文句を言いながら、しかし感心する。アナグマらしくなってきたなあ。

新生活初日からいきなり心配が募る展開になってしまったが、もう家には連れ帰らないと決めている。終業後、缶詰餌を置いて、後ろ髪を引かれながら帰宅した。

翌朝、ドキドキしながらアナグマ舎を覗くと、餌の缶詰はすっかりなくなっていた。アナグマの姿は見えなかったが、僕の気配を感じ取ると犬小屋の下の穴から次々と出てきた。良かった、無事にアナグマ舎の中で一晩を過ごすことができたようだ。この日からは僕だけでなく、公園のスタッフが当番制で世話にあたってくれる。これがとてもありがたい。

舎内の様子を観察すると、一角に糞がしてあった。これは昨晩のうちに3頭の誰かがしたものだ。見ていると、そこにリクがやってきてオシッコをした。し終わると、入れ替わりにクウがやってきて同じ場所でオシッコ。さらに入れ替わりでカイもオシッコ。仲良く同じ場所で用を足す姿はなんとも微笑ましい。どうやら、この場所をトイレに決めたようだ。

アナグマは「ため糞《ふん》」をすることで知られている。ため糞は獣道の交差点や縄張りの境界などにあり、地面を浅く掘ってそのくぼみの中に複数の個体が糞やオシッコをする。同じ場所で用を足すことにより情報交換をしていると考えられている。長く使われれば糞はこんもりとした山になっていく。また、アナグマは自分の巣穴付近にもまるで表札のように穴を掘って糞をするそうだ。ちなみに、タヌキもため糞をする。

野生食材を食べよう

保護から7週間が経過。そろそろ自然の中で手に入る食べ物も与えてみることにした。狭山公園のアナグマ舎のまわりで軽く土を掘ってみたら、体長3㎝のハナムグリの幼虫が3匹出てきたので、まずはこれを与えてみた。野生のアナグマにとっては、身近な食べ物の一つだろう。みんな、興味津々で積極的に噛み付く。一発でクリアか！　と思ったら、飲み込もうとしない。カイとクウは口に入れたり出したりを繰り返し、リクはガムを噛むようにいつまでもクチャクチャと噛み続けている。ハナムグリの幼虫たちは全身打撲にでもなったように真っ黒になってしまった。最終的にリクだけが飲み込んだ。

また、別の日にはミミズを与えてみた。ミミズはアナグマの主食だ。よほどおいしかったのか、ものすごい勢いで平らげた。

8週間、9週間と経過する中で、ハチの死骸《しがい》、セミ、カナブン、カブトムシなど、様々な食材にチャレンジし、次々と完食していった。ダメだったのはアメリカザリガニ。ハサミを振り上げて威嚇する姿にビビってしまい、手が出せない。リクだけは果敢にチャレンジしたが、鼻を挟まれてぎゃぎゃぎゃ！　と鳴いて逃げた。森の中で暮らすアナグマにとって、水辺の生物は馴染《なじ》みがなくて苦手なのかもしれない。

水の飲み方でも成長が見て取れる。以前は水の中に鼻も口も突っ込んで飲んでいたので、そのあと必ず盛大なクシャミをしていたが、いまは下顎《したあご》だけを水の中に差し入れてスマートに飲むことができる。

こうなってくると、残る問題は野生復帰だ。餌やりでアナグマ舎に入るたびに、脚に抱きついてくる（写真8－7）。こんな人馴れしてしまったアナグマたちをどうやって野生に帰したらいいのだろうか。

　野生動物の親たちは、子離れの時期が来ると力ずくで子どもたちを追い出す。1度、野生タヌキの子離れの様子を見たことがあるが、親は子ダヌキに対して本気で唸《うな》り、吠《ほ》え、激しく追いかけ回していた。僕もアナグマの親となってしまった以上、その役割を担わねばならないのだろう。なんとなく覚悟はしていたのだが、愛する子アナグマを追い出すのはきっと辛《つら》いだろうな。

野生復帰の準備

　8月に入り、暑い日々が続く。アナグマたちは水浴び用に用意した小さなプールで水を飲み、水浴びをし(写真8－8)、オシッコとうんちをする。

　僕の中で野生復帰に対する危機感が募ってきたので、行動することにした。最初にするのは情報収集。子別れ・親離れの具体的な手法について知りたい。

　そこで、野生動物の保護・野生復帰を行っている神

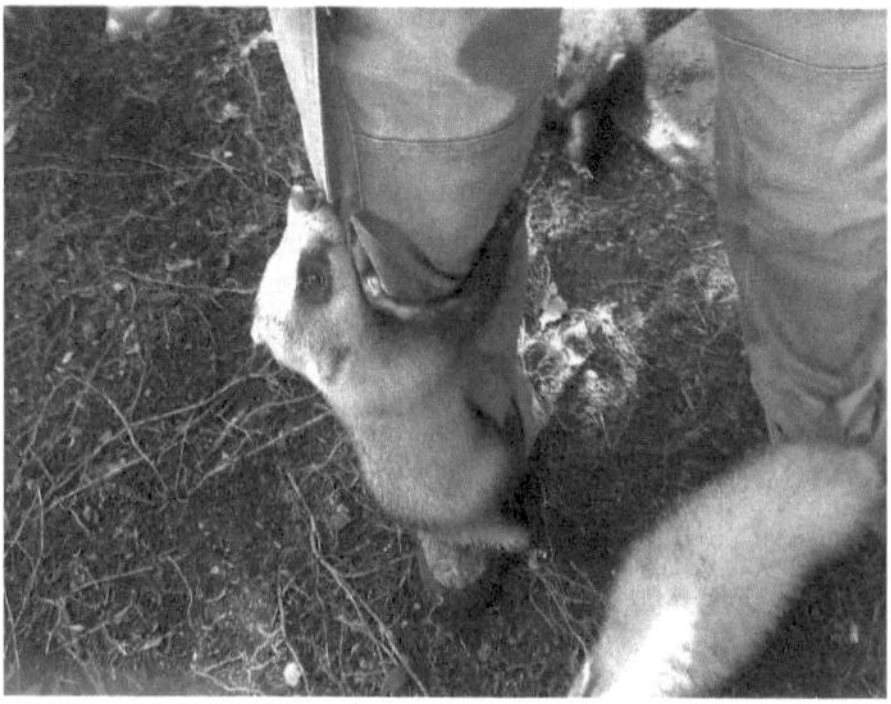

写真8-7　脚に抱きつく

写真8-8　3頭がぎゅうぎゅうで水浴び

奈川県自然環境保全センターに相談し、視察させてもらうことにした。

神奈川県自然環境保全センターでは、保護した動物に接触するのは餌やりのときだけで、積極的なスキンシップはしないそうだ。飼育数が多く、1頭に時間を割けないというのもその理由の一つだという。

また、自然に帰す際には飼育ケージを開け放ち、自然と出て行くのを待つ「ソフトリリース」という手法で行っていて、しばらくはケージに餌を置くが、徐々に量を少なくしていく。すると、1か月程度で戻ってこなくなるという。ついに、自然に帰すための具体的な情報を得ることができた。そしてここで、担当者からとても印象的な話を聞いた。

「飼育して人に懐いていても、野生動物はある日突然、人を寄せ付けなくなります。これは、基本的にはどの個体でも起きると考えています。これを私たちは『野生の風が吹く』と表現しています」

野生の風……人間にベッタリのあのアナグマ三兄妹《きょうだい》にも、吹くだろうか？

もう一つやるべきことは、引っ越し先の準備だ。前述した通り、狭山公園は周囲の車通りが多いので野生復帰の場所には向かない。もっと安全な場所に引っ越し、そこでソフトリリースへと移行していきたい。

引っ越し先は検討するまでもなく野山北・六道山公園に決まりだ。僕たちが管理する公園の中では圧倒的に広く、交通事故のリスクも低い。問題は、公園内のどこにするか。様々な文献から情報を集め、以下の条件で候補地を絞り込んだ。

・車道から50m以上離れている場所
・公園利用者が立ち入らない場所
・放獣までの期間、餌やりなどの世話がしやすい場所（管理所から近いなど）
・過去に営巣の実績がある場所は有力
・半径300m以内の森林面積が80％以上の場所が望ましい
・主要な食物であるミミズ類、キイチゴ類、カキが多い場所

これらの条件をほとんど満たす場所が、1か所見つかった。しかも都合の良いことに、そ

こにはすでに15m×20mのフェンスで囲われた空間があった。電気系の設備が地中に埋まっているためにフェンスが設置されているらしいのだが、アナグマが巣穴を掘るぐらいは問題ないということだった。地上部の環境は周囲と同じ雑木林だし、野生復帰に向けた飼育場所としてこれ以上の場所はない。こうして、アナグマの野生復帰に向けた準備は進んでいった。

風が吹く

9月、僕は東京農工大学農学研究院の金子《かねこ》弥生《やよい》准教授にメールをした。金子先生は、ニホンアナグマ研究の第一人者だ。野生復帰に向けて、ぜひアナグマ専門家の意見も聞いておきたかった。見ず知らずの者からの連絡にもかかわらず、アナグマ保護の事情を聞いて狭山公園まで足を運んでくださった。

金子先生は、ここまで大きく育ったアナグマが抱っこさせてくれることに驚きながら、相談に乗ってくれた。アナグマの子どもたちは、初めての冬を親と一緒に巣穴の中で過ごす。冬眠だ。単独で過ごすよりも一緒のほうが暖かくてエネルギー効率が良いという。

面白いことに、ツキノワグマのように冬の間ぐっすり寝続けるわけではなく、暖かい日は巣穴の外に出てきて寝そべったりしているらしい。冬眠期間は11月下旬~3月。通常は親が冬眠の穴を掘るため、今回は人間が巣穴を用意してやるのがよいとのことだった。そして春になると親元を離れて独立していく。ということは、順当に行けば野生復帰の時期は来年4月になる。金子先生のおかげで、野生復帰の時期の目処《めど》が立った。

冬眠穴の準備も必要だとわかったので、維持管理部隊に製作を依頼した。ベニヤ板を使って狭い小屋を作り、一部に透明のアクリル板を張ってもらうことにした。こうしておけば、寝ている姿を外から観察できるかもしれない。これは金子先生からいただいたアドバイスだ。

スタッフみんなの協力によって、環境が整っていく。獣医師や専門家の力も大きい。僕が親だなんて言っても、自分だけでは実現できないことばかりだ。

9月中旬になると、餌やりの際にアナグマたちが巣穴から出てこないことが増えてきた。人との距離ができてきたのだろうか？　穴が深くなりすぎ、ケージの外とつながって脱走したのではないかという不安もよぎる。しかし、餌をおいてしばらくすれば穴から出てきて食事をしている姿も見られるので、それは杞憂《きゆう》だと思い直す。

ところが10月6日、普段はスタッフも立ち入らないケージの裏側に、アナグマが掘った穴を見つけた。やはり外に通じていたのだ！　慌ててその穴を埋めるも、翌日にはそのすぐ横に新しい脱出口が開いている。周囲をよく観察してみれば、ケージの外に小さなため糞場ができていた。もしかすると、けっこう前から外で夜遊びし、朝になるとケージに戻るという不良のような（?）生活をしていたのかもしれない。

こうなると、もうここには置いておけない。交通事故に遭わせないためにも、早く野山北・六道山公園に引っ越さねばならない。そこで10月8日、引っ越しを決行することにした。ところが、アナグマたちが捕まらない。ケージ内の巣穴や、積んでおいた木材の隙間に入り込んで出てこない。名前を呼んでも近づいてこないし、まったく触らせてもくれない。こんなことは、かつてないことだった。

「野生の風だ……」

そう直感した。抱っこしていたころとは大違いだ。この子たちにも本当に風が吹いた。

このときの僕の感情は、なんだかメチャクチャだった気がする。目の前で野生動物への成長を見られた感動、引っ越しの焦り、離れていく寂しさ……。だが、感慨に浸ってもいられない。アナグマのためにいま優先すべきは引っ越しだ。

餌でなんとかおびき出し、まずはリクをキャリーケースに入れた。野生の風が吹いたと言っても、威嚇されたり噛まれたりするようなことはなかった。

移動の最中、リクはひさしぶりの車の揺れが気持ちよかったらしく、キャリーケースの中で仰向《あおむ》けに寝転がり、敷いてあったオシッコシートを掛け布団のように自分の体にかけてぐうぐうと寝始めた。さっきまでの緊張感はいったい……。その後、カイとクウもそれぞれ運んだが、なんとどちらもリクと同じようにぐうぐう寝た。アナグマというのはなんとも呑気で、愛さずにはいられない動物である。

2頭との別れ

アナグマの引っ越しが終わったのは、10月8日の陽が沈んだころだった。新しいケージはすっかり準備が整い、犬小屋や冬眠小屋、プールなどの移設が完了していた。とりあえず、交通事故のリスクが大きく減ったことにホッとする。

翌朝、アナグマたちの様子を見に行くと、誰もいなかった。なんと初日からの全頭脱走。フェンス際を掘られないように鉄板を敷いていたのだが、その鉄板の手前から穴を掘って脱出していた。アナグマたちの能力を見くびっていたようだ。

餌はきれいになくなっていたので、もしかしたら戻ってくるかもしれない。再び餌を置き、センサーカメラを設置して様子を見ることにした。すると2日後、アナグマ2頭が写った！　どうやら夜だけ来ているようだ。脱走穴は埋めてもすぐに新しい穴を開けられてしまうので放置し、今後は餌とセンサーカメラでモニタリングする作戦に切り替えた。獣道をたどって、カイとクウがすぐ近くの側溝を巣にしていることも突き止めた。

その後1か月間は、連日のようにアナグマが通ってきた。異なる時間帯で2頭写るときと1頭だけ写るときがある。毛色などから、2頭のほうがクウとカイ、1頭だけのほうがリク

写真8-9　カイが干した布団（巣材の草の塊。点線部分）

だと思われた。そしてリクと思われる個体は、11月11日を最後に写らなくなった。これが、リクの野生復帰の瞬間だった。考えてみると、10月8日の引っ越しのときが直接会えた最後だったのだ。

続いてその翌日、11月12日はクウがセンサーカメラに写った最後の日となった。2頭とも野生復帰の目安だった4月どころか、冬眠すらしないうちに行ってしまった。本物の親がいたらまだぬくぬくとしていられただろうに……。野生復帰できたことの喜びはなく、仮親としてのどうしようもない無力感が押し寄せたが、あとは元気に暮らしていってくれることを祈るしかない。

一方で、カイはまだまだ巣立っていく様子がない。毎日餌を食べに来るし、慣れてくると餌やり当番が来るのを待っていることさえあった。放っておくと足にまとわりついたりして、甘えぶりも健在だ。カイの野生の風はやんでしまったのか？　4月まではケージにいてくれてもいいのだが、人とのこの距離感はやはり心配になってしまう。

ある日の朝、カイが巣穴にしている側溝を見に行くと、入り口のところに草の塊があった（写真8－9）。あれ？　いつもはこんな物ないのに。夕方になってまた見に行くと、この草の塊はなくなっていた。このとき、金子先生から聞いた話が頭の中によみがえった。

アナグマは、巣の中にたくさんの草などを持ち込み、それを布団にして眠っている。天気が良い日には、この布団を日当たりの良い場所に置いて干すという。考えてみれば今日はとても天気が良かった。あれはカイによる布団干しだったに違いない。

「ダーウィンが来た！」への出演

このころ、NHKの野生動物番組「ダーウィンが来た！」の制作スタッフから、アナグマの人工飼育や野生復帰のことを番組の中で取り上げたいという依頼が来た。僕がブログに書いた飼育の記事を見て知ったという。出演について仲間たちと議論した結果、野生動物との共生というテーマを多くの人に考えてもらう良い機会になるだろうということになり、この話を受けることにした。

番組は2014年1月26日に放映された。タイトルは「東京アナグマのキャンパスライフ」。僕たちの人工飼育は、番組内のミニコーナーで紹介された。内容は割愛するが、とても意義のある内容だったと思う。僕にとってはテレビ初出演。大事に育てたアナグマたちと共演できて、思い出深い出来事であった（写真8－10）。

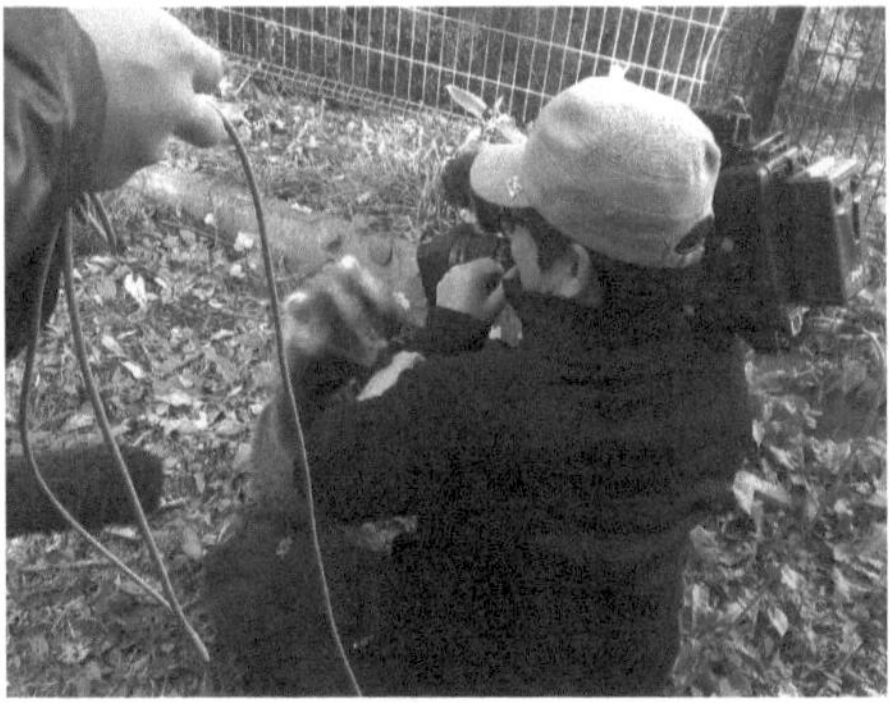

写真8-10　カメラマンに絡むカイ

最後の別れ

14年2月は、東北から近畿、中国・四国地方に至るまで記録的な大雪に見舞われた。狭山丘陵も例外ではなく、かなりの雪が積もった。アナグマケージやそこに至る道中も雪に埋もれ、餌やりに行けない日が何日か続いた。これが、人にベッタリだったカイと少し距離を置くきっかけになった。

カイはカイで、冬眠期間で寝たり起きたりしていて、餌やりに行っても姿を見せないことが多くなってきた。こうした中で、毎日やっていた餌やりを数日に1度の頻度に減らしていった。

3月6日、3日ぶりの餌やりは僕の当番だった。ケージに行くと、カイが喜んだ様子で近寄ってきた。餌を与え、カイの意識が食事に向いているうちにケージを出る。すっかり当たり前になったアナグマとのやりとり。これが、カイと触れ合った最後の機会になった。それ以降、カイは姿を見せなくなった。センサーカメラに写ったのは3月15日が最後。とうとう、3匹目のアナグマが山へと帰っていった。こうして、アナグマ三兄妹の野生復帰は終了した。

写真8-11　成獣と変わらない大きさに成長したカイ

赤ちゃんだった3頭を保護したのが、13年5月15日。飼育期間は約10か月だった。NPOバースの仲間たち、公園スタッフである西武・狭山丘陵パートナーズの仲間たち、獣医師、専門家など、たくさんの方々の協力によって、なんとか親代わりを務め上げることができた（写真8－11）。

アナグマ目撃情報

この話には後日談が二つある。ついに終わってしまったんだなあ……と感慨に浸っていたところへ、アナグマの目撃情報が入ってきた。

3月19日、狭山丘陵内を歩いていた人が、やたらと人懐っこいアナグマに遭遇した。アナグマが自ら人に近寄ってきてひざに乗ったりしたという。直線距離で飼育ケージから2㎞ほど離れた場所だ。

間違いなくカイだ。情報を聞いて、ヒヤリとする。カイが人に危害を加えたりしたら一大事だ。飼育と野生復帰を推進した身として、責任を取らねばならない。しかし、幸いなことに特に問題は起こらず、「人懐っこいアナグマ」に関する情報はそれ以降聞かれなくなった。

僕の「アナグマロス症候群」はしばらく続いた。時間が空くとアナグマたちの写真を見返してしまうし、野外を歩いていても無意識のうちにその姿を探してしまう。倒木のかげ、側溝の中、そんなところにいるはずもないのに。

ところが、である。アナグマは再び落ちていたのだ。しかし、それは狭山丘陵ではなく、静岡県の側溝の中。16年5月のことだった。

静岡県の側溝でアナグマを見つけたのは僕ではなく、静岡県在住の見ず知らずの方である。側溝の中で冷たくなっていたアナグマの赤ちゃん2頭を保護し、僕のブログを見て連絡をくれたのだった。ミルクを与えて元気にはなったものの、毛がハゲてしまって困っているという。3年前のことを懐かしく思い出す。

まず前提として野生動物は無許可では飼えないことを説明し、役所や動物園などにも相談するようにと念押しした上で、いろいろ話を聞いてみた。すると、この方はアナグマの赤ちゃんに猫用のミルクを与えていることがわかった。僕は犬用のミルクを与えてハゲたが、猫用でもハゲるのだ。これは興味深い。

僕からはビタミン剤がハゲに効くこと、成長に伴ってこれから起きることや注意すべきこと、食事の工夫など、リク・カイ・クウの飼育で得られた情報を伝えられるだけ伝えた。すると、みるみるうちに毛が生えてアナグマらしくなったという報告が来た。これはうれしい。

その後、この方が行政や動物園と相談した結果、長期間飼育する許可は出ず、また個人宅での飼育には限界があり、夏のうちには山に帰すことになったそうだ。日本ではまだまだ、野生復帰を前提とした野生動物の保護やリハビリは普及していないということだろう。野生の風が吹く前に山に帰されるアナグマたちが心配だが、しかしこの方が保護していなければ、アナグマ2頭は5月の時点で死んでいたわけなので、とりあえず生き延びるチャンスがつながっただけでも良かったのだと思う。アナグマに代わって、僕からこの方に感謝の意を伝えておいた。

僕は野生の生き物が大好きだ。鳥も獣も、ヘビもカエルも、虫も魚も、植物もキノコも、何でも好きだ。でもいまは、アナグマだけが少し特別な存在になった。アナグマの赤ちゃん、また落ちていないかなあ。いやいや、不幸なアナグマが増えることを望んではいないのだけれど。

あとがき

池の水を抜いてかいぼりしているとき、トウキョウサンショウウオの産卵場所を掘っているとき、草地を広げているとき。僕はたいてい、妄想している。数十年後に僕がこの世を去っても、これらの場所で生き物たちが生き生きと暮らし、命をつないでいる様子を。数十年後の子どもたちが、そこで生き物と触れ合っているシーンを。今、そんな仕事をしているんだ、そう思うと、顔がニヤけてしまう。

夢見ているのは、都会の中にも当たり前に質の高い自然があって、そこに鳥や獣が暮らし、子どもたちが虫採りをしている社会。すべての絶滅危惧種の数が増え、普通種になった世界。途方もなさすぎて永久に実現不可能かもしれないが、夢想することはやめられそうにない。

この本ができたきっかけは、角川新書の編集者である堀由紀子さんとの出会いだった。本を書くなんて初めての経験で、お声がけをいただいたときはとてもドキドキしたことを覚えている。貴重で素晴らしい機会を与えてくださったこと、遅筆なために3年間もかかってしまった執筆に根気強く付き合ってくださったことに、心より感謝申し上げる。

本書の内容のおよそ半分を占めている都立公園での取り組みにあたっては、一緒に仕事をしている三つの都立公園グループの管理者（西武・狭山丘陵パートナーズ、西武・武蔵野パートナーズ、西武・多摩部の公園パートナーズ）のメンバーやボランティア、関係者の皆さまにたいへんお世話になった。心よりお礼申し上げる。

もちろん、NPOバースの仲間たちには、言葉にはできないほど感謝している。僕がテレビの仕事をしたり、本を書いたり、合宿に行ったりしていられるのは、何事も否定せずに背中を押してくれる上司や、同じ志を持ち、一緒に仕事をしてくれる仲間たちのおかげだ。人と自然が共生する社会を目指して、これからもともに活動していきたい。

そして最後に、妻へ。本を書き出すにあたって、どっちに進んでいいのかわからず遭難しかかっているような僕に代わって、既存情報やファイルの整理を行ってくれた。執筆が差し詰まると、ノートを出してきて一緒に頭の整理をしてくれた。最初の読者として、褒めちぎって僕を勇気づけるとともに、客観的な視点で修正の提案をしてくれた。彼女なしでは、この本が完成することはなかった。本当にありがとう。

これからも新たな仲間を増やしながら、いろいろな生き物とその生息環境を保全し、その楽しさを発信していく所存だ。あなたにもぜひ、メンバーに加わってほしい。

２０２１年12月25日
新型コロナウイルス感染拡大第６波の懸念が広がり始めた東京、自宅にて

久保田潤一

参考文献

第一章　たっちゃん池のかいぼり

・林紀男『かいぼりがわかる本』、認定ＮＰＯ法人生態工房、２０１７年
・久保田潤一『かいぼりで守り、取り戻す！　溜め池の生物多様性』、東京都建設局：緑化に関する調査報告45、２０１８年
・環境省『環境省レッドリスト２０２０』環境省ホームページ、２０２０年
・馬渕浩司『シリーズ日本の希少魚類の現状と課題「日本の自然水域のコイ：在来コイの現状と導入コイの脅威」』、魚類学雑誌64巻2号、２０１７年
・五箇公一（監修）、ウラケン・ボルボックス（絵と文）『侵略！外来いきもの図鑑』、ＰＡＲＣＯ出版、２０１９年
・琵琶湖博物館企画展示実行委員『第15回企画展示　琵琶湖のコイ・フナの物語 - 東アジアの中の湖と人 - 展示解説書』、滋賀県立琵琶湖博物館、２００７年
・小山邦昭『「宅部貯水池」その役割と湖底の三本杭』、東村山郷土研究会：郷土研だより４０５号、２０１４年
・佐土哲也、松沢陽士『タナゴハンドブック』、文一総合出版、２０１１年
・東京都環境局自然環境部『東京都の保護上重要な野生生物種（本土部）—東京都レッドリスト（本土部）２０２０年版—』、東京都環境局自然環境部、２０２１年

・久保田潤一、舟木匡志、内田大貴、金本敦志、中村孝司『都立狭山公園 宅部池の水生生物相』ニッチェ・ライフ、印刷中
・西武・狭山丘陵パートナーズ自然環境保全部『都立狭山公園におけるかいぼりの成果～希少種ミゾフラスコモの復活～』、東京都公園協会：都市公園219、2017年
・増田修、内山りゅう『日本産淡水貝類図鑑② 汽水域を含む全国の淡水貝類』、ピーシーズ、2004年
・今堀宏三『日本産輪藻類総説』、金沢大学理学部植物学教室、1954年
・北村淳一、内山りゅう『日本のタナゴ』、山と溪谷社、2020年
・東村山市史編さん委員会『東村山市史9 資料編 近代1』、東村山市、1995年
・東京都環境局自然環境部『レッドデータブック東京2013～東京都の保護上重要な野生生物種（本土部）解説版』、東京都環境局自然環境部、2013年
・環境省『レッドデータブック2014 9 植物Ⅱ（蘚苔類、藻類、地衣類、菌類）』、ぎょうせい、2015年
・髙橋清孝『よみがえる魚たち』、恒星社厚生閣、2017年

第二章 理想の池

・細谷和海（編・監修）『山溪ハンディ図鑑15 増補改訂 日本の淡水魚』山と溪谷社、2019年
・中島淳、林成多、石田和男、北野忠、吉富博之『ネイチャーガイド 日本の水生昆虫』、文一総合出版、2020年
・角野康郎『ネイチャーガイド 日本の水草』、文一総合出版、2014年

第三章　密放流者との暗闘

・松井彰子、中島淳『大阪府におけるドジョウの在来および外来系統の分布と形態的特徴にもとづく系統判別法の検討』、大阪市立自然史博物館研究報告74号、2020年
・舟木匡志、東浜敬輔、久保田潤一、金本敦志、中村孝司、内田大貴『都立野山北・六道山公園でのかいぼり後に発生したオオクチバスの違法放流について』魚類自然史研究会：ボテジャコ第25号、2021年
・松沢陽士、瀬能宏『日本の外来魚ガイド』、文一総合出版、2008年

第四章　ビオトープをつくりたい

・内山りゅう、市川憲平『今、絶滅の恐れがある水辺の生き物たち』、山と溪谷社、2007年
・棟方有宗、北川忠生、小林牧人『日本の野生メダカを守る』、生物研究社、2020年
・宮崎佑介、福井歩『はじめての魚類学』、オーム社、2018年

第五章　希少種を守り増やせ

・関慎太郎、井上大輔（企画・編集）『ぎょぶる特別編集 特盛山椒魚本』、NPO法人北九州・魚部、2019年
・須賀丈、岡本透、丑丸敦史『草地と日本人【増補版】』、築地書館、2019年
・久保田潤一、舟木匡志、山下洋平、金本敦志、中村孝司『狭山丘陵の都立公園におけるトウキョウサンショウウオの推移と保全の取り組み』、トウキョウサンショウウオ研究会、2022年

・草野保、川上洋一、御手洗望『トウキョウサンショウウオ：この10年間の変遷』、トウキョウサンショウウオ研究会、2014年
・草野保、川上洋一、御手洗望『トウキョウサンショウウオ：長期調査で分かった個体群の衰退と絶滅』、トウキョウサンショウウオ研究会、2022年
・草野保、川上洋一『トウキョウサンショウウオは生き残れるか？』、トウキョウサンショウウオ研究会、1999年
・金本敦志、舟木匡志、中村孝司、久保田潤一、内田大貴『東京都北多摩地域（府中市・東村山市）の都立2公園で確認されたカヤコオロギ』、むし社：月刊むし605号、2021年
・杉山俊也、舟木匡志、内田大貴、久保田潤一『都立狭山公園で確認したムネアカハラビロカマキリの生息状況と対策の取り組み』、むし社：月刊むし605号、2021年
・日本爬虫両棲類学会『日本産爬虫両生類標準和名リスト』、日本爬虫両棲類学会ホームページ、2021年
・小椋純一『日本の草地面積の変遷』、京都精華大学紀要30号、2006年
・村井貴史、伊藤ふくお（著）、日本直翅類学会（監修）『バッタ・コオロギ・キリギリス生態図鑑』、北海道大学出版会、2011年
・池田透『北海道における移入アライグマ問題の経過と課題』、北海道大學文學部紀要 第47巻第4号、1999年

第六章　森のリスぜんぶ捕る

・繁田真由美、押田龍夫、岡崎弘幸『狭山丘陵で発見されたキタリスについて』、リス・ムササビネットワ

ーク：リスとムササビ7号、２００７年
・田村典子、岡野美佐夫、星野莉紗『狭山丘陵に生息する特定外来生物キタリスの早期対策の試み』、日本哺乳類学会：哺乳類科学 第57巻第2号、２０１７年
・重昆達也『狭山丘陵の哺乳類』、トトロのふるさと財団 自然環境調査報告書8、２０１１年
・安田雅俊『絶滅のおそれのある九州のニホンリス、ニホンモモンガ、およびムササビ―過去の生息記録と現状および課題―』、日本哺乳類学会：哺乳類科学 第47号第2号、２００７年
・本川雅治（編）『日本の哺乳類学①小型哺乳類』、東京大学出版会、２００８年
・柳川久『ペットとして日本に持ち込まれている外国産リス類』、リス・ムササビネットワーク：リスとムササビ7号、２０００年
・田村典子『リスの生態学』、東京大学出版会、２０１１年

第七章　ハンセン病と森

・多磨全生園患者自治会『倶会一処』、一光社、１９７９年
・全生園入所者自治会『人権の森 緑のしおり』、全生園入所者自治会、２００９年
・多磨全生園入所者自治会『正しく学ぼう!!ハンセン病Q&A』、多磨全生園入所者自治会、２０１４年
・厚生労働省「ハンセン病の向こう側」、厚生労働省、２０１６年
・国立ハンセン病資料館『ハンセン病療養所ガイドブック「想いでできた土地」』、国立ハンセン病資料館、２０１３年
・東村山ふるさと歴史館歴史資料係『平成21年度特別展図録 全生園の１００年と東村山』、東村山ふるさと

歴史館、2009年

第八章　アナグマの父親になりたい

・金子弥生『里山に暮らすアナグマたち』、東京大学出版会、2020年
・日高敏隆（監修）、川道武男『日本動物大百科 1 哺乳類Ⅰ』、平凡社、1996年
・高槻成紀、山極寿一（編）『日本の哺乳類学 ②中大型哺乳類・霊長類』、東京大学出版会、2008年
・溝口俊夫『私の歩んだ野生動物救護活動Ⅳ―福島県鳥獣保護センターの機能（野生復帰及び調査研究）―』、日本獣医師会雑誌第61巻第8号、2008年

コラム2　日本の生き物は弱いのか？

・今泉忠明『海外を侵略する日本&世界の生き物』、技術評論社、2017年

久保田潤一（くぼた・じゅんいち）
1978年、福島県生まれ。特定非営利活動法人NPO birth自然環境マネジメント部部長。技術士。98年東京農業大学短期大学部に入学し、その後、茨城大学に3年次編入。卒業後、環境コンサルティング会社などを経て、2012年NPO birthへ。絶滅危惧種の保護・増殖や緑地の保全計画作成など、生物多様性向上に関する施策を広く行っている。テレビ「緊急SOS！池の水ぜんぶ抜く大作戦」（テレビ東京系）にも環境保全の専門家として出演。

絶《ぜつ》滅《めつ》危《き》惧《ぐ》種《しゅ》はそこにいる
身近《みぢか》な生物保全《せいぶつほぜん》の最前線《さいぜんせん》

久保田《くぼた》 潤一《じゅんいち》

2022年 2月 10日　初版発行
2024年 11月 30日　再版発行

◆◇◇

発行者　山下直久
発　行　株式会社KADOKAWA
〒102-8177　東京都千代田区富士見2-13-3
電話　0570-002-301（ナビダイヤル）

装丁者　緒方修一（ラーフイン・ワークショップ）
ロゴデザイン　good design company
オビデザイン　Zapp!　白金正之
印刷所　株式会社KADOKAWA
製本所　株式会社KADOKAWA

角川新書

ISBN978-4-04-082274-7 C0245